无人机摄影测量技术
在水土保持信息化中的应用

王念忠　张大伟　刘建祥　编著

中国水利水电出版社
www.waterpub.com.cn
·北京·

内 容 提 要

本书是对 2013 年以来松辽流域利用无人机摄影测量技术开展水土保持相关工作的初步总结。主要内容包括：航空摄影测量技术概述，无人机发展概述，基于无人机平台的摄影测量技术，无人机摄影测量技术在生产建设项目水土保持和国家水土保持重点工程信息化监管中的应用，以及展望民用无人机、遥感传感器、摄影测量技术的发展趋势和无人机在民用领域的应用趋势。本书紧紧围绕生产建设项目水土保持信息化监管和国家水土保持重点工程信息化监管的要求，基于摄影测量技术和无人机技术的特点、发展趋势，结合实际案例，重点对无人机摄影测量技术在水土保持监管中的操作技术流程进行了详细介绍，更加注重实用性和可操作性。

本书可作为利用无人机摄影测量技术开展生产建设项目水土保持信息化监管和国家水土保持重点工程信息化监管工作的操作技术指南，也可为水利、生态环境保护等行业人员提供参考。

图书在版编目（CIP）数据

无人机摄影测量技术在水土保持信息化中的应用 / 王念忠，张大伟，刘建祥编著. -- 北京：中国水利水电出版社，2019.5
ISBN 978-7-5170-7658-2

Ⅰ. ①无… Ⅱ. ①王… ②张… ③刘… Ⅲ. ①无人驾驶飞机－应用－水土保持－信息化－研究 Ⅳ. ①V279 ②S157

中国版本图书馆CIP数据核字（2019）第087714号

书　　名	无人机摄影测量技术在水土保持信息化中的应用 WURENJI SHEYING CELIANG JISHU ZAI SHUITUBAOCHI XINXIHUA ZHONG DE YINGYONG	
作　　者	王念忠　张大伟　刘建祥　编著	
出版发行	中国水利水电出版社 （北京市海淀区玉渊潭南路 1 号 D 座　100038） 网址：www.waterpub.com.cn E-mail：sales@waterpub.com.cn 电话：（010）68367658（营销中心）	
经　　售	北京科水图书销售中心（零售） 电话：（010）88383994、63202643、68545874 全国各地新华书店和相关出版物销售网点	
排　　版	中国水利水电出版社微机排版中心	
印　　刷	清淞永业（天津）印刷有限公司	
规　　格	184mm×260mm　16 开本　18 印张　427 千字	
版　　次	2019 年 5 月第 1 版　2019 年 5 月第 1 次印刷	
印　　数	0001—2000 册	
定　　价	86.00 元	

本 书 编 委 会

主　　任　王念忠

副 主 任　张大伟　朱景亮

委　　员　罗志东　王岩松　高　远　范建荣　陈浩生

　　　　　任　明　刘建祥　钟云飞　蔡　昕　姜艳艳

　　　　　高　燕

本 书 编 写 人 员

主　　编　王念忠　张大伟　刘建祥

编写人员　刘建祥　钟云飞　常　诚　孔庆凡　张笑宇

　　　　　刘永生　陈　雷　孙小旭　张延玲　胡　煜

　　　　　尹　斌　吴　戈　邱　颖　刘心刚　尚建勋

　　　　　郭晞尧　姜长龙　郭　映　田　琪　陈发先

　　　　　王文成　霍世坚　王鑫全

序

　　中国特色社会主义进入新时代，水利事业发展也进入了新时代。以习近平同志为核心的党中央高度重视水利工作，把治水兴水作为实现"两个一百年"奋斗目标和中华民族伟大复兴中国梦的长远大计来抓，习近平总书记多次就水安全问题发表重要论述、作出重要指示，深刻分析了我国水安全新老问题交织的严峻形势，明确提出了"节水优先、空间均衡，系统治理、两手发力"的治水方针，突出强调水利工作要从改变自然、征服自然向调整人的行为、纠正人的错误行为转变。鄂竟平部长在2019年全国水利工作会议上指出，贯彻落实新时期治水方针，推进新时代水利改革发展，必须准确把握当前水利改革发展所处的历史方位，准确把握治水主要矛盾的深刻转变，准确把握"水利工程补短板，水利行业强监管"这一当前和今后一个时期水利改革发展的总基调，处理好补与强、上与下、总与分、标与本的关系，建立起促进人水和谐的长效机制，实现水问题的标本兼治。

　　水利部明确提出了当前和今后一个时期将工作重心转到"水利工程补短板，水利行业强监管"上来，要全面监管水土流失状况，全面监管生产建设活动造成的人为水土流失情况，要建立完备的水土保持监管制度体系，完善相关的技术标准。

　　信息化是加强水土保持监管的一项十分重要的基础工作，是强化行业监管的重要抓手，是推动水土保持改革发展的迫切需要。今后重点抓好水土保持监测和信息化应用等基础工作，充分运用高新技术手段开展监测，实现年度水土流失动态监测和人为水土流失监管两个全覆盖，及时掌握并发布全国及重点区域水土流失状况和治理成效，及时发现并查处水土保持违法违规行为，有效遏制人为水土流失，为监管强手段、治理补短板提供有力支撑。

　　无人机摄影测量技术是新型测绘技术与航空平台技术、信息技术的高度集成，无人机技术应用于测绘领域，可有效补齐卫星遥感和原先现场调查监测的短板，提升信息化水平，让水利、生态环境保护等领域的行业监管的"腿变长了、眼睛更亮了"，使监管真正强起来。

按照水利部对生产建设项目水土保持和国家水土保持重点工程信息化监管的要求，基于近几年实践经验，本书结合实际案例详细介绍了相关工作流程和技术路线，并对无人机摄影测量技术的发展趋势以及在水利、生态环境保护等相关行业的应用进行了探讨。相信本书的出版，对水利工程建设、防汛、水政执法、水土保持、水生态环境监测等工作有很好的借鉴作用，将有效提升行业监管的效能和水平。

水利部水土保持监测中心主任

2019 年 3 月

前　言

　　近年来，中央陆续印发了推进生态文明建设的意见和生态文明体制改革总体方案，制定出台了一系列有关生态文明建设的制度性文件，明确要求建立健全生态环境监测网络，提升信息化水平，利用卫星遥感等技术手段开展全天候监测，为政府决策、监督管理等工作提供科学依据。同时，国务院要求的"放管服"改革对行政审批下放、取消后切实加强事中、事后监管提出了更高的要求，强调监管是政府的法定职责，严格落实"谁审批谁监管、谁主管谁监管"的要求，通过智能监管和大数据监管，实现监管全过程"留痕"。国务院印发的《全国水土保持规划（2015—2030年）》，从监督能力建设、监测能力建设、科技支撑能力建设、社会服务能力建设、宣传教育能力建设和信息化建设等六个方面提出了今后水土保持监管能力建设的主要任务。

　　水利部明确要求，下阶段水利工作的重心将转到"水利工程补短板，水利行业强监管"上来，这是当前和今后一个时期水利改革发展的总基调，对于加强水土保持的监管，强调要充分运用高新技术手段开展监测，实现年度水土流失动态监测全覆盖和人为水土流失监管全覆盖，及时掌握并发布全国及重点区域水土流失状况和治理成效，及时发现并查处水土保持违法违规行为，有效遏制人为造成的水土流失。

　　目前，传统的人工现场调查和卫星遥感难以快速、及时和全方位地获取水土保持监管的相关信息，基于无人机平台的摄影测量技术正是这一缺陷的有效补充手段，可提升水土保持信息化水平，补齐传统调查监测的短板，让监管强起来。本书按照《生产建设项目水土保持信息化监管技术规定（试行）》和《国家水土保持重点工程信息化监管技术规定（试行）》的要求，结合近几年松辽流域无人机摄影测量技术在水土保持工作的应用实践，重点对生产建设项目水土保持区域监管、项目监管以及国家水土保持重点工程竣工项目抽查、实施效果评估进行了案例演示，详细介绍了工作流程和操作技术路线。同时，总结了摄影测量技术、无人机技术的特点，以及发展现状与未来趋势，并对该技术在民用领域，尤其是水土保持监测点信息化、水土流失突发事件监测、防汛抗旱、水政执法等水利相关行业中的前瞻性探索应用进行了探讨，以期为水土保持监管信息化、水利、生态环境保护等相关领域的研究、实践和管理提供参考。

本书在编写过程中，得到了水利部水土保持监测中心、水利部松辽水利委员会、松辽流域水土保持监测中心站等单位和相关人员的大力帮助与支持，在此深表感谢。

由于水土保持信息化工作量大、面广，无人机摄影测量技术在水土保持信息化中应用的创新性工作仍需进一步加强，加之编者的水平有限，书中难免有不妥之处，敬请读者批评指正。

编者

2019 年 1 月

目　录

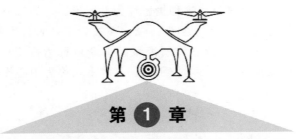

第 1 章
航空摄影测量技术概述

航空摄影测量技术指通过航空摄影获取地面连续的地面像片，结合地面控制测量、调绘和立体测绘等绘制出地形图的技术。

航空摄影就是将航摄仪安装在飞机上并按照一定的技术要求对地面进行摄影的过程。航空摄影是为了取得某一指定的区域的航摄资料，即航摄像片，并利用航摄资料即可测绘地形图、正射影像图以及提取数字高程模型等，也可用来识别地面目标和水利设施，了解水利资源和水利工程设施的分布。

航摄飞机在飞行过程中，由于受到空气中气流的影响，飞机很难保持平稳的飞行状态，将围绕三个轴做转动产生倾角，即围绕机身纵轴旋转的航偏角，机翼间连线转动的俯仰角，围绕飞行航向为轴转动的横滚角。根据航空摄影的特点和用户对航摄资料的使用要求，以及像片的倾角大小，航空摄影可以分为竖直航空摄影和倾斜航空摄影两种。

1.1　竖直航空摄影测量技术

竖直航空摄影一般指像片倾角小于 3°的航空摄影，是航空摄影测量中常用的一种航空摄影方式，其影像质量无论从判读或是量测方面来看，都比倾斜摄影要好。我国目前进行的航空摄影总体上还是以竖直航空摄影为主。

1.1.1　竖直航空摄影理论基础

1.1.1.1　地面中心投影

航摄像片是通过航空摄影所获得的地面三维空间的二维影像信息。航空摄影测量的目的是通过地面被摄物体的影像信息来研究其空间位置和几何形状，测绘出地形图等相关产品。因此了解航摄像片与相应地面之间的关系，研究航摄像片的投影方式及其规律，是学习航空摄影测量的重要基础。

1. 投影、正射投影和中心投影

假设有一组空间直线，将物体的形状沿直线方向投影到某一几何平面上，该过程称为投影，见图 1-1，假设空间直线称为投影线，投影到的几何平面称为像面，投影的结果称为像，它是投影线与像面的交点（像点）的集合。

在投影中，若投影线相互平行，这种投影称为平行投影，如果所有的投影射线相互平行且与承影面垂直，称为正射投影，见图 1-2。在投影中，若投影线汇聚于一点，这种投影称为中心投影，见图 1-3。投影线所汇聚的那个点称为投影中心。在中心投影中，任一物点与所对应的像点及投影中心均位于同一直线上，称为中心投影三点共线。

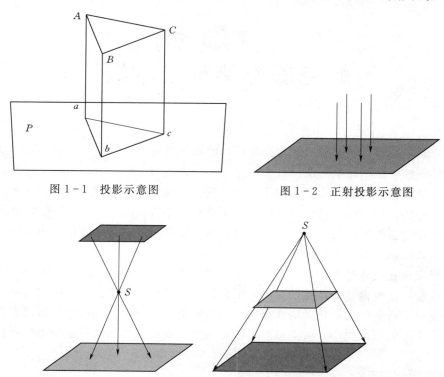

图 1-1　投影示意图　　　　　　　　　图 1-2　正射投影示意图

图 1-3　中心投影示意图

2. 航摄像片是地面的中心投影

航摄像片是地面物体通过摄影物镜，在底片平面所构成的该物体的影像，见图 1-4。所以，航摄像片从投影角度来看，是被摄物体的中心投影。在同一几何关系的中心投影条件下，中心投影有阴位和阳位之分。当投影中心 S 位于物、像之间时，成像片 p 点处于阴位，把处于阴位的像片主光轴（过 S 点垂直于像面 p 的直线）旋转 $180°$，且沿着主光轴将像片平移至投影中心与物之间，并使其与 S 之距和阴位时相同，则称此时像点 p' 处于阳位。

3. 中心投影的基本点、线、面

如前所述，航摄像片是地面的中心投影，像片平面与地面平面存在着透视对应关系。在研究地面与像片之间的中心投影关系中，某些点和直线具有一定的特性，它们对于分析、确定航摄像片与被摄地面之间的数学关系和空间位置等都具有极为重要的意义，因此我们将这些点、线和有关平面称之为投影的

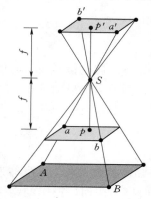

图 1-4　中心投影

基本点、线和面。

1.1.1.2 航摄像片解析

航摄像片解析主要理论为共线方程，其主要是表达物点、像点和投影中心（对无人机航飞像片而言，投影中心通常是镜头中心）三点位于一条直线的数学关系式，是摄影测量学中最基本的公式之一。通过已知若干像点和物点，用来解算拍摄时像片的方位；通过已知立体像对两张像片的方位元素时用来解算物点坐标；通过已知像片方位和物点坐标用来计算像点坐标。

1.1.1.3 倾斜误差和投影误差

航摄像片是地面物体的中心投影，实际中，航摄像片一般不可能处于绝对水平的位置，而地面也总是存在着不同程度的起伏。正由于这种像片倾斜和地面起伏因素的存在，必然使得地面物体在航摄像片上的构像产生像点的移位和偏差。此类偏差称之为倾斜误差。由于地面起伏，使得高于或低于某个基准面上的地面点在像片上的构像点与该地面基准面上的垂直投影点的构象之间所产生的像点位移，称之为投影误差。

1.1.1.4 外方位元素

在立体摄影测量中，欲建立起一个与实地完全相似的立体几何模型，必须依靠航摄像对。很显然，要恢复、确定一个相对的两张像片在摄影瞬间的空间位置，就必须知道该像对的外方位元素。一个航摄像对的 12 个外方位元素按照其作用不同可划分为相对定向元素和绝对定向元素。

1. 相对定向元素

确定一个像对的两张像片相对位置关系所需要的元素叫作相对定向元素。一个像对的相对定向元素有 5 个，这 5 个相对定向元素随着所选取的相对空间辅助坐标系的不同通常有两种表达形式。

（1）连续像对的相对定向元素。欲恢复一个像对两张像片之间的相对位置，可以以像对的左片为基准，以左片像空间坐标系作为像空间辅助坐标系，只通过确定右片相对于左片 5 个元素来实现。由于这种相对定向元素能连续地恢复相邻或一条航线上所有投影光束之间的相对方位，故这种相对定向元素被称为连续像对的相对定向元素。

（2）单独像对的相对定向元素。同样，欲恢复一个像对两张像片的相对位置，还可以选择摄影基线为像空间辅助坐标系的 x 轴，通过确定左右片的 5 个元素来实现。由于采用这种相对定向元素来确定像对两张像片的相对位置，左右光束需要分别变动才能实现。这种相对定向元素只考虑建立一个像对的立体几何模型，而不顾及相邻模型的连续性，故这种相对定向元素被称为单独像对的相对定向元素。

2. 绝对定向元素

绝对定向元素是指如何获取被摄瞬间的外方位元素，是影像进行正射纠正的必经过程，通常是通过外方位元素以空中三角测量和大地测量地面控制点进行区域网平差计算求出。

（1）空中三角测量。空中三角测量是立体摄影测量中，根据少量的野外控制点，在室内进行控制点加密，求得加密点的高程和平面位置的测量方法。其中主要方法有模拟法、解析法、航带法、独立模型法、光束法等。

（2）大地测量地面控制点。大地测量地面控制点也称为解析法绝对定向，是通过将经过相对定向所建立的立体模型置于地面坐标系中的过程。通过借助地面控制点（像控点）将经过相对定向的模型进行旋转、缩放和平移后，使其相对定向模型达到绝对位置。

1.1.2　竖直航空摄影测量关键技术

1.1.2.1　相机检校技术

相机检校是航空摄影测量工作中的基本组成部分，相机检校的目的是为了检校出像主点的偏移量、畸变参数等重要信息，是摄影测量应用的基础工作，相机检校的精度会直接影响后期摄影测量成果的精度。在使用普通数码相机进行航空摄影测量工作时相机检校工作更为重要，如果相机检校精度不能达到规定的要求，会直接影响整个数据后处理结果的精度。其主要检校方法有：实验室三维检校场检校、棋盘格相机自检校方法等。

1.1.2.2　GPS 辅助空中三角测量

随着 GPS 技术在无人机航飞方面应用的飞速发展，促进了 GPS 辅助空中三角测量技术在无人机航摄领域的发展。目前，该技术在国际和国内已用于大规模的无人机航空摄影测量的生产。在 GPS 辅助空中三角测量中，GPS 主要用于测定空中三角测量所需要的地面控制点和空中航摄仪曝光时刻摄站的空中位置。GPS 辅助空中三角测量技术的基本原理是，使用机载 GPS 设备和地面 GPS 接收站同步接收 GPS 卫星信号，同时获取航空摄影瞬间航摄快门开启脉冲，通过 GPS 载波相位等相关差分定位技术，经过处理后获取物方点位和像片方位元素，从而达到以空中控制取代地面控制进行区域网平差，以达到减少或取消地面控制点的目的。

1.1.2.3　数字高程模型获取技术

数字高程模型（digital elevation model，DEM）是地形起伏的数字化表达，它表示地形起伏的三维有限数字序列及用三维向量来描述高程的空间分布。当数据点呈规则分布时，数据的平面位置可以由起始点的坐标和方格网的边长等少数几个数据确定下来，只需要提供行列号既可以。所以，DEM 只反映地面的高程，其数字表达方式包括矩形格网和不规则三角网等。

DEM 的获取方法主要有以下几种：

（1）野外采集。利用自动记录的电子速测经纬仪或全站经纬仪在野外实测，以获取数据点坐标值。

（2）在现有地图上采集。利用跟踪数字化仪对已有成果的数字化。

（3）空间传感器。利用 GPS、SAR 和激光雷达等进行数字采集。

（4）数字航空摄影测量法（简称摄影测量法）。摄影测量法是实际生产使用中最为普遍获取 DEM 的一种方法，其具有自动化程度高，劳动强度低等优点。

1.1.2.4　像片的正射校正

正射校正一般是通过在像片上选取的地面控制点，并利用已经获取的该像片范围内的 DEM 数据，对影像同时进行倾斜改正和投影差改正，将影像重采样成正射影像，并将多个正射影像拼接镶嵌在一起，进行色彩匀色处理后，按照一定范围内裁切出来的影像就是正射影像图。

1.2　倾斜航空摄影测量技术

1.2.1　主要原理与技术

　　倾斜摄影技术是测绘领域近些年快速发展起来的一项技术，它颠覆了以往正射影像只能从垂直角度拍摄的局限，通过在同一飞行平台上搭载多台传感器，同时从一个垂直、四个倾斜等 5 个不同的角度采集影像，将用户引入了符合人眼视觉的真实直观世界。倾斜摄影按照倾角的大小可以分为低倾斜航空摄影（不包含地平线影像）和高倾斜航空摄影（像片上有地平线影像）。由于倾斜摄影具有较强的透视感，对地物的判读较为有利，但是其也有一定的局限性。首先，像片上各个部分的摄影比例尺不一致，越是接近地平线，其比例尺越小；其次，由于倾斜摄影的透视关系，其在地形起伏区域，面向航摄方向有增长现象，背向航摄方向有缩短现象，有时甚至无法显示。倾斜摄影示例见图 1-5。

图 1-5　倾斜摄影

　　1. 单张倾斜影像姿态恢复

　　(1) 地面铅垂线在影像上对应的直线均相交于像底点，其中像底点为过影像透视中心的铅垂线与影像面的交点，见图 1-6。

　　(2) 若成像面水平，则像底点与像主点重合。

　　2. 基于场景约束的影像姿态恢复

　　(1) 根据场景约束条件，计算 Π 的方程。见图 1-7，由 o' 点的坐标和平面法向量表示，其中 o' 点的坐标为 $(0, 0, -z)$ 可自定。

　　(2) 定义物方坐标系 $o'-x'y'z'$。

　　(3) 计算倾斜影像在所定义的物方坐标系中的外方位元素。

　　3. 单张倾斜影像三维量测

　　单张倾斜影像三维量测见图 1-8，假设 B 点的高程已知。

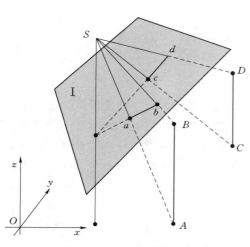

图 1-6 倾斜摄影原理

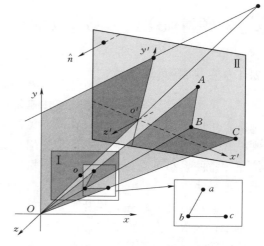

图 1-7 外方位元素

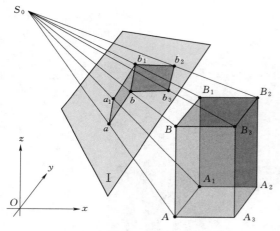

图 1-8 单张倾斜影像三维量测

（1）可依次由共线方程计算出屋顶各角点的坐标。

（2）点 A 与点 B 的平面坐标相同，在求出点 B 的坐标后，即可已知点 A 的平面坐标，进而由共线方程计算出点 A 的高程坐标。

（3）由此可得出该建筑物比例不固定的模型，若任意测量一条边长，可获得建筑物真实比例模型。

4. 倾斜模型生产

通过倾斜摄影方式获取倾斜影像，在经过专业软件加工处理后可以生成三维倾斜摄影模型。建模技术主要分为以下三类。

（1）倾斜摄影结合机载雷达技术建模。由倾斜摄影提供模型纹理、由机载雷达构建模型骨架，再通过适度的人工干预生产出倾斜摄影模型，常见输出的格式有 .obj、.max 等，目前具备这种建模工艺的数据厂商有：武汉华正、东方道迩及中科遥感等。

（2）倾斜摄影加人工干预建模。对倾斜摄影数据进行自动化建模，再通过修饰软件进行人工修饰。修饰的细节包括：模型的骨架变形、建筑物底部纹理的遮挡等。修饰后的模型成果不破坏自动化模型成果的结构。目前具有这种工艺的软件有天际航的 DP-Modeler 等。

（3）倾斜摄影自动化建模。只通过倾斜摄影获取的多视角影像来生产模型，即 Mesh（三角网）模型。目前市场上的自动化建模软件包括街景工厂、Smart3DCapture、Altizure、PhotoScan、Pix4D、无限界等。这种模型输出的常见格式有 osgb、dae、obj、 s3c（Smart3D 私有格式）、3mx（轻量级的开放格式）等。自动化建模的过程可以简单描述为：先经过几何校正、联合平差等一系列复杂的运算得到带有高程的稠密的点云数据，抽稀，然后构建一张连续的 TIN 三角网，最后把拍摄的高分影像贴到三角网上，最终得到倾斜摄影模型。

1.2.2　倾斜摄影测量的优势

航空摄影和倾斜摄影对比见图 1-9。

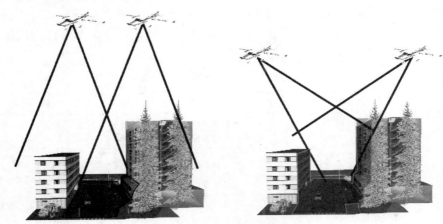

图 1-9　航空摄影和倾斜摄影对比图

（1）相对于正射影像更加能够反映地物周边真实情况，倾斜影像能让用户从多个角度观察地物，更加真实地反映地物的实际情况，极大地弥补了基于正射影像应用的不足。

（2）倾斜影像可实现单张影像量测通过配套软件的应用，可直接基于成果影像进行包括高度、长度、面积、角度、坡度等的量测，扩展了倾斜摄影技术在相关行业中的应用。

（3）建筑物侧面纹理可采集针对水利工程相关应用，利用航空摄影大规模成图的特点，加上从倾斜影像批量提取及贴纹理的方式快速处理。

（4）数据量小易于网络发布相较于三维 GIS 技术应用庞大的三维数据，应用倾斜摄影技术获取的影像的数据量要小得多，其影像的数据格式可采用成熟的技术快速进行网络发布，实现共享应用。

（5）自动化程度高，倾斜摄影数据的处理较为简单，不需要操作人员具有专业的航空摄影测量背景。

（6）经济性好，相对于传统的三维建模，倾斜摄影进行三维建模有着效率高，经济性好的特点。

1.3　航空摄影测量技术软硬件发展现状

进入 21 世纪以来数字图像处理、人工智能以及计算机视觉等技术、无人机技术以及计算机硬件性能都得到空前的飞速发展。随着国家测绘地理信息中心大力推广应用国产低空无人飞行器航测遥感系统，无人机航空摄影技术得到很大的发展和应用，同时也遇到诸多困难。通过对无人机航空摄影当前面临的困境等的梳理，从法律法规、认证制度、管理平台、基础设施和信用体系建设等多方面，探索走出困境的思路和办法。本节将以无人机平台为主，讲述航空摄影测量的发展现状。

1.3.1　航空摄影测量硬件发展现状

1.3.1.1　无人机发展现状

进入21世纪，随着轻型复合材料的广泛应用，卫星定位系统的成熟，电子与无线电控制技术的改进，尤其是多旋翼无人机结构的出现，整个无人机行业进入快速发展阶段。无人机的飞行平台主要分为多旋翼无人机、固定翼无人机、直升机无人机、其他无人机等，各飞行平台的优势、劣势、特点见表1-1。

表1-1　　　　　　　　　　　　　不同飞行平台的对比

飞行平台	优　势	劣　势	特　点
多旋翼无人机	空降场地限制少，能垂直起降，操作灵活，价格低廉	有效载荷小，航程短，航速慢，滞空时间短，续航时间短	起降灵活，可悬停，结构简单，故障率高，载荷量少
固定翼无人机	载重大，续航时间长，航程远，飞行速度快，飞行高度高，性价比高	受起降场地限制多，无法悬停，对控制系统要求较高	民用涉及相对较少，主要是军用和工业级应用
直升机无人机	载荷稍大，和续航时间稍长，起降受场地限制小	结构脆弱，故障率高，操控复杂，续航时间短	可垂直起降，结构复杂，维护成本高
其他无人机	飞艇：成本低，安全系数高，稳定性强	移动缓慢，操作不灵活，易碰撞，精度低	结构简单，升空时间长，操作复杂
	扑翼：效率极高，高效低耗，可垂直起落、悬停、俯冲、急转	技术不成熟，扑翼空气动力学问题未解决	小巧灵活
	伞翼：结构简单，成本低，可控空降空投	空气助力大，速度慢，重复使用操作复杂	高空投掷，无人动力伞无人机
	系留：安全，稳定高效，可长时间滞空，抗干扰能力强	受有线牵制，自由活动受限，不能做大范围和高速机动	地面有线供电，留空时间长，载荷大，可靠性高

1. 无人机续航方面

无人机主要采用锂聚合物电池作为主要动力，续航能力为20～30min。因无人机技术方案不同，续航时间有所不同。无人机需要尽可能减轻起飞重量，所以无法携带较重的大容量电池，大多数无人机维持20min有效飞行之后，就必须更换电池或者插上充电线。无人机电池充电时间一般每次1h以上，这是无人机一个致命的短板，大大限制了行业的快速良性发展，解决无人机电池续航能力迫在眉睫。

2. 无人机通信系统

目前主要使用900MHz、1.4GHz、2.4GHz无线电频段，其中1.4GHz主要作为数据通信频段，2.4GHz主要作为图像传输频段，900MHz不建议使用。工业和信息化部已经制定无线电相关使用准则，规范无人机行业的无线电频段使用。公共无线电通信链路抗干扰能力弱，尤其是同频干扰无法避免。只需采用几种特殊干扰方法，就可以实施对无人机指定无线电频段的定向干扰，西安无人机编队表演异常就是通信信号干扰造成的。随着无人机的数量是指数级增长，无人机通信系统干扰的问题，将日渐突出。

3. 无人机系统的定位导航

无人机系统的定位导航普遍采用 GPS 和北斗双模模式。GPS 定位分为码定位和载波定位。码定位速度快，一般民用无人机精度为 3～10m，军用无人机精度为 0.3m；载波定位速度慢，不分民用和军用。北斗系统定位精度为 10～20m。基于导航卫星的无人机定位系统，各大无人机厂商优化自己的算法，使精度勉强达到米级。但受地形、天气等客观条件影响，导航卫星信号易受干扰、精度稳定性不足的问题有待解决。民用无人机依靠卫星定位，在不用差分定位技术辅助的情况下，米级精度已经是极限。这样的精度在工业应用领域远远不够。米级的定位精度，不足以支撑无人机自动控制。差分辅助定位技术，其原理是通过 GPS 或北斗卫星信号与已知真实基准站坐标对比，实现快速厘米级精度定位。无人机千机编队表演基本都采取这种技术，但在自由空间中，不具备这样的条件。

4. 避障技术

避障技术对于主流的无人机飞行至关重要，但现有的解决方案仍处于探索阶段。为确保公共安全，需要不断改进传感器、传感算法和无人机设计。无人机避障技术主要有四套解决方案，即红外线传感器方案、超声波传感器方案、激光传感器方案以及视觉传感器方案。

1.3.1.2　常用无人机系统发展介绍

1. 多旋翼无人机系统

多旋翼无人机（见图 1-10）系统由机架机身、动力系统、飞控系统、遥控系统、辅助设备系统等组成。

（1）机架机身。无人机的机架机身指无人机的承载平台，一般选择高强度轻质材料制造，例如：玻纤维、ABS、PP、尼龙、改性塑料、改性 PC、树脂、铝合金等。无人机所有的设备都是安装在机架机身上面，支架数量也决定了该无人机为几旋翼无人机。优秀的无人机机架设计可以让其他各个元器件安装合理，坚固稳定，拆装方便。

图 1-10　多旋翼无人机

（2）动力系统。无人机动力系统，就是为无人机提供飞行动力的部件，一般分为油动和电动两种。电动多旋翼无人机是最主流的机型，动力系统由电机、电调、电池三部分组成。无人机使用的电池一般都是高能量密度的锂聚合电池，由于一些客观原因，每 300g 锂电池，可以为无人机 500g（含电池）自重提供 17min 飞行时间。氢燃料电池、太阳能电池等受制于现有的技术水平和成本，暂时还无法普及。无人机主要在露天作业，对电机、电调系统的稳定性要求较高，需要定期进行检查、保养、防水、防潮。

（3）飞控系统。飞控系统就是无人机的飞行控制系统，不管是无人机自动保持飞行状态（如悬停），还是对无人机的人为操作，都需要通过飞控系统对无人机动力系统进行实时调节。一些高阶的飞控系统除了保证飞机正常飞行导航功能以外，还有安全冗余、飞行数据记录、飞行参数调整和自动飞行优化等功能。飞控系统是整个无人机的控制核心，主要包括飞行控制、加速计、气压计、传感器、陀螺仪、地磁仪、定位芯片、主控芯片等多部件组成。

（4）遥控系统。无人机遥控系统主要由遥控器、接收器、解码器、伺服系统组成。遥控器是操作平台，接收器接到遥控器信号进行解码，分离出动作信号传输给伺服系统，伺服系统则根据信号做出相应的动作。

（5）辅助设备系统。辅助设备系统主要包括无人机外挂平台（简称云台）、外挂轻型相机、无线图像传输系统。云台是安装在无人机上用来挂载相机的机械构件，能满足三个活动自由度：绕 x、y、z 轴旋转，每个轴心内都安装有电机，当无人机倾斜时，会配合陀螺仪给相应的云台电机加强反方向的动力，防止相机跟着无人机倾斜，从而避免相机抖动，云台对于稳定航拍来说却起着非常大的作用。外挂轻型相机主要为体积小、重量轻、清晰度高的相机。无线图像传输系统在无人机航拍时候，将天空中处于飞行状态下无人机拍摄的画面，实时稳定地发射给地面无线图传遥控接收设备，优秀的无线图像传输系统具备传输距离远、传输稳定、图像清晰流畅、抗干扰、抗遮挡、低延时等特性。

2. 固定翼无人机系统

固定翼无人机（见图1-11）系统由五部分组成：机体结构、航电系统、动力系统、起降系统和地面控制站系统。

图1-11　固定翼 eBee 无人机

（1）机体结构由可拆卸的模块化机体组成，既方便携带，又可在短时间内完成组装、起飞。

（2）航电系统由飞控电脑、感应器、有效荷载、无线通信等组成，完成飞机控制系统的需要。

（3）动力系统由动力电池、螺旋桨、无刷马达组成，为无人机提供飞行所需的动力。

（4）起降系统由弹射绳、弹射架、降落伞组成，帮助无人机完成弹射起飞和伞降着陆。部分高级固定翼无人机采用滑行起降，需要额外设计起落架收放、减震、精准定位、加速和刹车等系统。

（5）地面控制站包括地面站电脑、手柄、电台等通信设备，用以辅助完成路线规划任务和飞行过程的监控。

1.3.1.3　相机发展现状

1. 数字航摄仪

数字航摄仪是整个航空摄影测量非常关键的设备，是利用一种电荷耦合器件（CCD），将镜头所成影像的光信号转化成电信号,再把这种电信号转化成计算机可以识别的数字信号记录下来,最后转换成影像。从国内外市场来看,其专业航摄仪有 Leica ADS80、DMC、SWDC-5 等产品,见图 1-12~图 1-14。

图 1-12　Leica ADS80 相机　　　图 1-13　DMC 相机　　　图 1-14　SWDC-5 相机

2. 数码相机

从消费级数码相机来看,又可以分为卡片机、单反相机和多镜头相机。常用的与多旋翼无人机搭载的卡片机主要有松下 GH4、索尼 A7R、GoPro 相机等。与多旋翼无人机搭载的单反相机一般有尼康 810、佳能 5DMark Ⅲ、飞思 XFIQX4;与之搭载的多镜头相机一般为双镜头相机和五镜头相机。

(1)单反相机。

1)尼康 D810。图 1-15 为尼康 D810 相机,使用了 35.9mm×24mm 尺寸的 CMOS 传感器,像素达到了 3709 万。

2)佳能 5DMark Ⅲ。图 1-16 为佳能 5DMark Ⅲ 相机,使用了 36mm×24mm 尺寸的 CMOS 传感器,最大像素达到了 2340 万。

3)飞思 XF IQX4。图 1-17 为飞思 XFIQX4 相机,采用 54mm×40mm 全尺寸中画幅的 CMOS 传感器,像素达到 1.5 亿。

图 1-15　尼康　　　　图 1-16　佳能　　　　图 1-17　飞思 XF IQX4 相机
D810 相机　　　　5D Mark Ⅲ 相机

(2)多镜头相机。

1)双镜头相机,见图 1-18,其参数见表 1-2。

表 1-2   双 镜 头 相 机 参 数

单周期总像素	2.5 亿像素	PPK 定位水平精度	5cm
单周期照片张数	6 张	PPK 定位垂直精度	10cm
整机重量	950g	工作方式	摆动
作业时间①	30min	接口安装方式②	可定制
作业面积①	~0.6km²	拍摄触发方式①	定时触发/飞控触发

① 测试条件：使用 DJI-M600Pro 搭载，且航高为 200m。

② 接口安装方式：免费为用户提供不同款式无人机接口的定制服务。

2）五镜头相机，见图 1-19，其参数见表 1-3。

图 1-18 双镜头相机   图 1-19 五镜头相机

表 1-3   五 镜 头 相 机 参 数

相机总像素	>1.2 亿像素	存储容量	320G
镜头个数	5 个	整机重量	1.5kg
镜头焦距	25mm/35mm	供电方式	外置专用电池供电
像元尺寸	3.9μm	POS 记录	自带 GPS 记录 POS 地理信息
曝光方式	定点、定时	数据读取方式	通过 USB 读取 POS 数据、照片
最小曝光间隔	1s	上位机软件	数据预处理，一键生成建模工程文件

1.3.2 航空摄影测量软件发展现状

1.3.2.1 Autodesk ReCap

与其他 Autodesk 产品一样，ReCap 产品集成了 Autodesk 系列产品多种工具开发而成，见图 1-20。可以将结果作为点云或网格导出到 CAD 和 BIM 软件中。该软件有两种基本模式，一个用于航空摄影测量，另一个用于近距离摄影测量。除了照片，ReCap 还可以处理激光扫描，并将其与基于照片的项目对齐，以生成 3D 模型。虽然 ReCap 可以自动注册图像，但它也允许手动选择以增强整体结果。

软件支持文件格式为 asc、cl3、clr、e57、fls、fws、isproj、las、pcg、ptg、pts、ptx、rds、txt、xyb、xyz、zfs、zfprj。

1.3.2.2 PhotoModeler

PhotoModeler Scanner 是一款由 EOS 公司研发的近景摄影测量工具，见图 1-21。这

图 1-20　Autodesk ReCap 测量演示界面

种摄影测量工具的主要特点在于融合了摄影测绘和三维建模这两个过去相互独立的工作环节，支持普通数码相机和摄像头作为一种输入设备，PhotoModeler 可在很短的时间捕捉大量准确的细节，然后利用平面照片将实物及实际场景构建成含有贴图的三维模型，既快又简单，广泛应用于意外事故现场重建、建筑、考古学、机械与设计工程、网页设计、3D 建模等领域。

文件格式为 3ds、3dm、dxf、igs、kml、kmz、las、ma、ms、obj、pts、byu、facet、iv、ply、stl、txt、wrl。

图 1-21　PhotoModeler 测量演示界面

1.3.2.3　Pix4D

Pix4D 测量演示界面见图 1-22，该测量软件具有如下特点。

（1）专业化、简单化。Pix4D mapper 整个过程完全自动化，并且精度更高，真正使无人机变为新一代专业测量工具。只需要简单地操作，不需专业知识，飞控手就能够处理和查看结果，并把结果发送给最终用户。

（2）空三、精度报告。Pix4D mapper 通过软件自动空三计算原始影像外方位元素。利用 Pix4UAV 的技术和区域网平差技术，自动校准影像。软件自动生成精度报告，可以快速和正确地评估结果的质量，提供了详细的、定量化的自动空三、区域网平差和地面控制点的精度。

（3）全自动、一键化。Pix4D mapper 无需 IMU，只需影像的 GPS 位置信息，即可全自动一键操作，不需要人为交互处理无人机数据。原生 64 位软件，能大大提高处理速度。自动生成正射影像并自动镶嵌及匀色，将所有数据拼接为一个大影像。影像成果可用 GIS 和 RS 软件进行显示。

（4）云数据、多相机。Pix4D mapper 利用自己独特的模型，可以同时处理多达 10000 张影像。可以处理多个不同相机拍摄的影像，可将多个数据合并成一个工程进行处理。

文件格式为 obj、dxf、las、las、kml、tif、osgb、slpk、shp。

图 1 - 22　Pix4D 测量演示界面

1.3.2.4　DroneDeploy

DroneDeploy 与深圳市大疆创新科技有限公司（简称 DJI 或大疆）进行合作，将它的软件解决方案提供给不同行业的终端用户，包括农业、房地产、矿山、建筑及一些商业和消费领域。没有经过专业培训的用户，也能接触并开展无人机航测工作，他们可以使用该平台来安排无人机飞行计划、编排飞行队列，并对大量的数据进行采集和分析，以创建详细的地图和 3D 模型。DroneDeploy 测量演示界面见图 1 - 23。

文件格式为 dxf、GeoTIFF、las、obj、xyz。

1.3.2.5　3DF Zephyr

3DF Zephyr 可以自动从照片中重建 3D 模型。该过程是完全自动的，不需要编码目标、手动编辑或特殊设备。3DF Zephyr Pro 是建立在重建技术之上，具有一个友好的用户界面（见图 1 - 24），并提供常见的 3D 格式导出，同时可以生成无损视频，而不需要外

图 1 - 23　DroneDeploy 测量演示界面

部工具。此外，可以生成真实正射影像、数字高程模型（DTM），甚至计算面积、体积、角度和等高线，是从现实建模的良好工具。

　　文件格式为 obj、fbx、pdf 3D、u3d、dae。

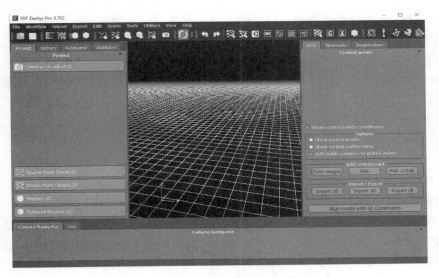

图 1 - 24　3DF Zephyr 测量演示界面

1.3.2.6　Agisoft PhotoScan

　　Agisoft PhotoScan 是俄罗斯 Agisoft 公司研发的软件，这是一款基于影像自动生成高质量模型的软件，同时也是一种基于图像的三维建模解决方案，可以从静止图像创建专业品质的三维成果，见图 1 - 25。基于最新的多视点三维重建技术，它能够以任意图像进行操作，在受控和非受控条件下都高效地运行。照片可以从任何位置拍摄，只要在至少两张照片上可以看到要重建的物体。图像对齐和三维模型重建都是完全自动化的。

　　文件格式为 fbx。

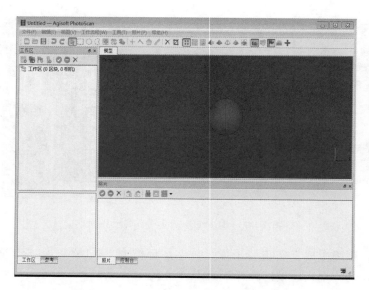

图 1-25　Agisoft PhotoScan 测量演示界面

1.3.2.7　IMAGINE 摄影测量

IMAGINE Photogrammetry 数字摄影测量核心模块提供了功能强大且操作简单的数字摄影测量工具，是一个面向生产的流程化处理软件，为影像处理及数字摄影测量提供高精度及高效能的生产工具，对各种具有一定重叠度的卫星与航空影像进行区域网、影像定向及空三计算，正射影像纠正、拼接以及其他影像处理，输出正射纠正成果。

文件格式为 img、igg、ovrl、noaa、rpf、ddf、dem、til、dt2、ecrg、hdr、xml、ecw、url、ant、dig、alg、ers、gis、lan。

1.3.2.8　Bentley ContextCapture（原 Smart3D）

实景建模软件 ContextCapture 可以快速为各种类型的基础设施项目生成最具挑战性的反映现实环境的三维模型，见图 1-26。而这一切，都源自拍摄的普通照片。不需要昂贵的专业化设备，就能快速创建细节丰富的三维实景模型，并使用这些模型在项目的整个生命周期内为设计、施工和运营决策提供精确的现实环境背景。实景建模软件能经济实惠地开发精确的实景网格，可以使用普通相机拍摄的超过 100 亿像素的照片轻松生成三维模型，获得精细的细节、锐利的边缘和几何精度。

文件格式为 3ms、3sm、kml、dae、fbx、obj、dae、stl。

1.3.2.9　UAS Applications Master

UAS Applications Master 是一款成熟的无人机航飞数据内处理软件（见图 1-27），具有以下功能特点：一键式快速批处理或交互式分步处理；支持影像分辨率达 1 亿像素；全自动空中三角测量、相机自检校、高密度点云匹配与高精度正射影像创建。

同时，支持所有无人机数据，与 Inpho 无缝作业，交互式编辑/精化工作流，支持手动测量连接点，交互式去除弱连接点，对有难度项目灵活定制参数，处理低精度和缺失 GNSS 信息的照片，高级图形分析和报告，拓扑分析，块几何分布与连接性，外定向信息，相机自检校，格栅（网格）点云导出，立体视图量测 GCP，新项目重用相机校正参

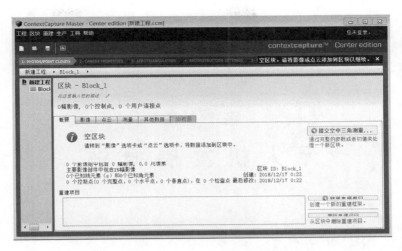

图 1-26 ContextCapture 测量演示界面

数，支持预定义高程模型，自动点云分类和过滤，围栏选择子块分割，自动化等高线，支持地形数据，影像增强工具，多相机支持，多通道 Tiff/Bigtiff 影像支持，ASPRS/ISPRS 标准兼容，aat. log（Html/ASCII）平差报告，3D 鼠标和立体可视化支持，自动立体模型选择，动立体巡游切换，与 DAT/EM 立体绘图仪无缝工作流，进入 ACAD、Microstation、ArcGIS。

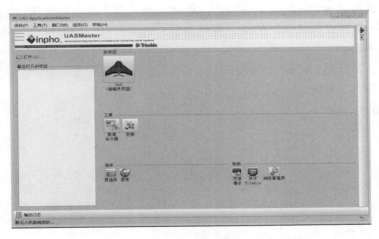

图 1-27 UAS Applications Master 测量演示界面

第 2 章
无人机发展概述

2.1 无人机定义与分类

　　无人机（unmanned aircraft，UA）是由控制站管理（包括远程操纵或自主飞行）的航空器，也称远程驾驶航空器（remotely piloted aircraft，RPA）。无人飞机全称无人驾驶飞行器（unmanned aerial vehicle，UAV），是利用无线电遥控设备和自备的程序控制装置操纵的不载人飞机。它涉及传感器技术、通信技术、信息处理技术、智能控制技术以及航空动力推进技术等，是信息时代高技术含量的产物。无人机的作用在于形成空中平台，结合其他部件扩展应用，替代人类完成空中作业。无人机在各个领域得到了广泛应用，除军事用途外，还包括农林植保、巡检、警用执法、地质勘探、环境监测、森林防火以及影视航拍等民用领域，且其适用领域还在迅速拓展。无人机根据不同场景、平台、应用方式，可以进行不同分类，例如：应用场景、飞行平台、控制方式、视距、重量尺度、任务高度、活动半径等，见图2-1。

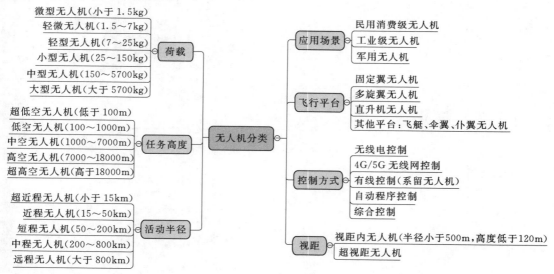

图 2-1　无人机分类

按照结构划分，无人机分为固定翼、直升机和多旋翼三大类。固定翼机、直升机无人机的续航时间长、载荷大、售价较高，在民用中主要应用于工业级市场。多旋翼无人机拥有4个或者更多个旋翼，优点是机械结极简单，便于维护；缺点是续航时间短，载荷较小。消费级无人机以多旋翼无人机为主要机型，工业级无人机型主要为多旋翼无人机或固定翼无人机。

无人机根据用途可分为军用、工业级、消费级三大类，见图2-2。军用无人机可分为靶机、侦察机、攻击机、战斗机等类别。工业级无人机是应用于农林植保、巡检、警用安防、物流运输、探测等方面的无人机。其中，农林植保为人机主要用于农业播种、喷洒、授粉及农林灾情监控等；巡检无人机主要用于电力巡检及石油管道巡检；警用安防无人机主要用于安检、监测灾情、搜救、交通管理等；物流运输无人机主要用于快递配送及偏远农村物流配送；探测无人机主要用于测绘、地质勘探、气象探测等方面。消费级无人机主要用于航拍、娱乐等方面。

(a) 军用无人机　　　　　　(b) 工业级无人机　　　　　　(c) 民用消费级无人机

图2-2　无人机按用途分类

根据美国蒂尔集团2015年的市场研究报告预测，全球无人机未来十年内总产值将超过900亿美元，其中军用无人机占72%，消费级无人机占23%，工业级无人机占5%。全球无人机2014—2018年销量见图2-3。

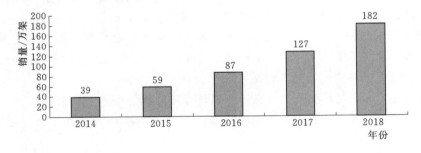

图2-3　全球无人机2014—2018年销量

中国民航总局对无人机按重量1.5kg、7kg、25kg、150kg、5700kg，划分为Ⅰ、Ⅱ、Ⅲ、Ⅳ、Ⅺ、Ⅻ六类，见表2-1。植保类无人机归属Ⅴ类，无人飞艇归属Ⅵ类，超视距无人机归属Ⅶ类。实际运行中Ⅰ、Ⅱ、Ⅲ、Ⅳ、Ⅺ、Ⅻ类无人机有交叉时，分属较高要求一类。串并行无人机编队，按机队总重量分类。

表 2-1　　　　　　　　　　　　　　　　民航总局无人机分类标准

分 类	空机重量/kg	起飞全重/kg
Ⅰ	0＜W≤1.5	
Ⅱ	1.5＜W≤4	1.5＜W≤7
Ⅲ	4＜W≤15	7＜W≤25
Ⅳ	15＜W≤116	25＜W≤150
Ⅴ	植保类无人机	
Ⅵ	无人飞艇	
Ⅶ	可100m之外超视距运行的Ⅰ、Ⅱ类无人机	

2.2　民用无人机发展历程

2.2.1　行业相关条例规范

2013 年,《民用无人驾驶航空器系统驾驶员管理暂行规定》明确了由中国 AOPA 协会负责民用无人机的相关管理。

2014 年,《低空空域使用管理规定(试行)》(征求意见稿)将低空空域分为管制空域、监视空域和报告空域,其中涉及监视、报告空域的飞行计划,企业需向空军和民航局报备。

2015 年,《轻小型无人机运行试行规定》要求起飞全重 7kg 以上无人机必须接入电子围栏,不得在禁飞区使用无人机,无人机驾驶员需要持有操作执照。

2016 年,《关于促进通用航空业发展的指导意见》明确规定了低空空域定义由 1000m 以下提升到 3000m 以下。

2016 年 9 月,《民用无人驾驶航空器系统空中交通管理办法》强调了保障民用航空活动的安全,加强民用无人机飞行活动的管理,规范其空中交通管理的办法。

2017 年 6 月,《民用无人驾驶航空器实名制登记管理规定》要求民用无人机登记注册系统正式上线,起飞重量超过 250g 以上的无人机,必须实施登记注册。建立无人机登记数据共享和查询制度,实现与无人机运行云平台的实时交联。

2018 年 1 月,《无人驾驶航空器飞行管理暂行条例》公开征求意见。

2018 年 3 月 21 日《民用无人驾驶航空器经营性飞行活动管理办法(暂行)》下发,2018 年 6 月 1 日起生效。

2.2.2　无人机技术发展历程

无人机最早在 20 世纪 20 年代出现,1914 年第一次世界大战正进行得如火如荼,英国的卡德尔(Calder)和皮切尔(Pichel)两位将军,向英国军事航空学会提出了一项建议:研制一种不用人驾驶,而用无线电操纵的小型飞机,使它能够飞到敌方某一目标区上空,将事先装在小飞机上的炸弹投下去。这种大胆的设想立即得到当时英国军事航空学会理事长戴·亨德森爵士赏识。他指定由 A.M. 洛教授率领一班人马进行研制。无人机当时是作为训练用的靶机使用的，是一个许多国家用于描述最新一代无人驾驶飞机的术语。从字面上讲，这个术语可以描述从风筝、无线电遥控飞机，到 V−1飞弹发展来的巡航导弹，但是在军方的术语中仅限于可重复使用的比空气重的飞行器。

图 2−4　复仇者一号无人机

　　20 世纪 40 年代，第二次世界大战中无人靶机用于训练防空炮手。图 2−4 为复仇者一号无人机。

　　1945 年，第二次世界大战之后将多余或者是退役的飞机改装成为特殊研究或者是靶机，成为近代无人机使用趋势的先河。随着电子技术的进步，无人机在担任侦查任务的角色上开始展露他的弹性与重要性。

　　20 世纪的越南战争、海湾战争，乃至北约空袭南斯拉夫的过程中，无人机都被频繁地用于执行军事任务。

　　1982 年以色列航空工业公司（IAI）首创以无人机担任其他角色的军事任务。在加利

图 2−5　先锋 RQ−2A 无人机

利和平行动（黎巴嫩战争）时期，侦察者无人机系统曾经在以色列陆军和以色列空军的服役中担任重要战斗角色。图 2−5 为先锋RQ−IA 无人机。以色列国防军主要用无人机进行侦察，情报收集，跟踪和通信。1986年 12 月首飞的先锋系列无人机为战术指挥官提供了特定目标以及战场的实时画面，执行了美国海军"侦察、监视并获取目标"等各种任务。这套无人定位系统的成本很低，满足了 20 世纪 80 年代美国在黎巴嫩、格林纳达以及利比亚以低代价开展无人获取目标的

要求，并首次投入实战。"先锋号"现在仍在服役，通过火箭助力起飞，起飞重量 416磅❶，航速 109 英里/h❷。飞机能够漂浮在水面，并且通过海面降落进行回收。

　　1991 年的沙漠风暴作战当中，美军曾经发射专门设计欺骗雷达系统的小型无人机作为诱饵，这种诱饵也成为其他国家效仿的对象。

　　1996 年 3 月，美国国家航空航天局研制出两架试验机：X−36 试验型无尾无人战斗机。该型长 5.7m，重 88kg，其大小相当于普通战斗机的 28%。该型使用的分列副翼和转向推力系统比常规战斗机更具有灵活性。水平垂直的尾翼既减轻了重量和拉力，也缩小了

---

❶　1 磅＝0.454kg，416 磅约合 189kg。

❷　1 英里＝1.609km，109 英里/h 约合 175km/h。

雷达反射截面。无人驾驶战斗机将执行的理想任务是压制敌防空、遮断、战斗损失评估、战区导弹防御以及超高空攻击，特别适合在政治敏感区执行任务。

20 世纪 90 年代，海湾战争后，无人机开始飞速发展和广泛运用。美国军队曾经购买和自制"先锋号"无人机，在对伊拉克的第二次和第三次海湾战争中作为可靠的系统。

20 世纪 90 年代后，西方国家充分认识到无人机在战争中的作用，竞相把高新技术应用到无人机的研制与发展上：新翼型和轻型材料大大增加了无人机的续航时间；采用先进的信号处理与通信技术提高了无人机的图像传递速度和数字化传输速度；先进的自动驾驶仪使无人机不再需要陆基电视屏幕领航，而是按程序飞往盘旋点，改变高度和飞往下一个目标。

从国内无人机发展情况来看，2006 年，影响世界民用无人机格局的深圳市大疆创新科技有限公司（简称大疆公司或 DJI）成立，先后推出的 Phantom 系列无人机，在世界范围内产生深远影响，研制的 Phantom 2 Vision＋（见图 2-6）在 2014 年入选《时代周刊》。

2012 年 12 月，由同济大学航空航天与力学学院、上海奥科赛共同研制的中国第一架纯燃料电池无人机"飞跃一号"，在上海奉贤海边首次试飞成功。该无人机可升至 2km 以内高空，速度为 30km/h，可连续飞行 2h，非常适用于环境监测、战场侦察等领域。

2015 年 2 月 10 日，中航工业贵州飞机有限责任公司（简称贵飞）某两型无人机在西北某基地成功完成试验任务，此次的试验任务完成，关系到贵飞无人机基地战略定位的推进和实施。

2015 年 5 月 27 日，河北省第一部救灾专用 AEE 无人机（见图 2-7）在石家庄正式启用。AEE 无人机高度集成了飞控、智控系统，并搭载侦查拍摄、遥感、传感、远距离图像传输等设备，具备抗 6 级风、续航 40min 以上、飞行高度达 1.5km 等性能。

图 2-6 大疆 Phantom 2 Vision＋

图 2-7 AEE A20 航拍无人机

图 2-8 亿航 184

2015 年 7 月 3 日 9 时 7 分，新疆和田皮山县发生 6.5 级地震。空军指挥所及空军驻疆部队加强与地方政府联系，及时了解掌握救灾需求，于 11 时 10 分派出 1 架无人机赴震区侦察灾情。

2016 年 1 月 6 日，我国发布了全球第一款能搭载一名乘客且全天候飞行的大型无人机"亿航 184"，见图 2-8。其外观与直升机类似，但完全自动驾驶，无需飞行员。这款无人机将来能成为人类中短途日常交通运输工具。

工业和信息化部于 2017 年 12 月 22 日印发的《关于促进和规范民用无人机制造业发展的指导意见》指出，到 2020 年，民用无人机产业持续快速发展，产值将达到 600 亿元，年均增速 40％以上；到 2025 年，民用无人机产值将达到 1800 亿元，年均增速 25％以上。

从无人机细分市场来看，多旋翼无人机具有结构简单、维护成本低等优点，飞行控制器使得多旋翼无人机操控简易和飞行稳定，是多旋翼能够广泛推广的核心原因。从早期航模爱好者把相机 DIY 到多轴飞行器进行盲拍开始，空中影像的应用领域被初次打开，消费级航拍无人机经历了不断的技术发展和产品迭代。把多旋翼无人机核心技术的应用和历史时期进行结合，归纳出在时间轴上多旋翼无人机的发展历程，见图 2-9。

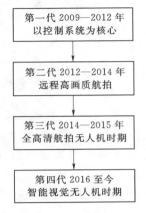

图 2-9 无人机发展历程

1. 第一代 2009—2012 年：以控制系统为核心

2009 年左右，一些技术型的航模爱好者自行组装四轴机架并安装无刷电机和桨，通过无线电遥控器的混控程序设定来控制 4 个螺旋桨的转动速度，实现手动操控四轴飞行器。2010—2012 年，市面推出了 APM，DJI 的 Wookong-M、Naza-M，XAircraft 的 AHRS 等多旋翼控制器，实现具备姿态增稳的飞行控制方式，通过 GPS 定位系统实现户外定位悬停和自主返航，玩家可通过直接挂置小型运动相机和模拟图传进行最初级的短距离第一人称视角（FPV）飞行和视频录制。因此 2009—2012 年是以飞控系统为核心技术的第一代小型多旋翼航拍无人机时期，见图 2-10。

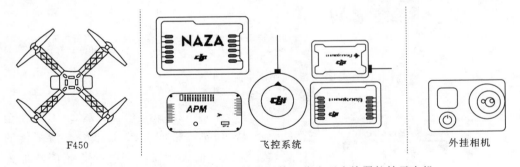

F450　　　　　　　　　飞控系统　　　　　　　　　外挂相机

图 2-10 以飞控系统为核心技术的第一代小型多旋翼航拍无人机

2. 第二代 2012—2014 年：远程高画质航拍

2012 年，DJI 公司发布的全球首款三轴无刷电机直驱云台禅思 Z15-5N，利用姿态解析和超高精度无刷电机控制革命性的解决舵机式云台响应慢、转动不平滑所导致拍摄的视频抖动以及水波纹等问题，开启了多轴无人机真正意义上的航拍时代。2013—2014 年，消费级多轴无人机开始全面普及搭载无刷云台和相机的设计，代表的云台是 DJI Zenmuse H3-2D（见图 2-11），不少厂家的无刷云台则直接采用了国外开源方案。

DJI Zenmuse　　H3-2D　　Wi-Fi数字图传　　自带1080P高清相机 Phantom 2 Vision+

图2-11　消费级多轴无人机 DJI Zenmuse H3-2D

第二代消费级航拍无人机的定义基本上得到所有老牌和新进无人机厂商的一致认同，飞控系统、无刷云台、高清广角相机和 Wi-Fi 数字图传的设计性能和机体结构匹配都影响着整机操控效果和飞行体验。2014 年，DJI 发布了 Lightbridge 全高清数字图传，实现 3km 的高清图像（720P）实时传输功能，相比 Wi-Fi，传输距离远 2～3 倍，环境抗干扰能力更强，信号传输延时低，Lightbridge 的发布可以说是开启无人机高清航拍的时代。

3. 第三代　2014—2015 年：全高清航拍无人机时期

2014 年 Parrot 推出的 AR Drone 是首款具备超声波加光流传感器实现无 GPS 定位悬停功能的一体机，超声波加光流的视觉悬停辅助系统可实现室内飞行器精准的定位悬停（见图 2-12），大大提高用户飞行安全性，随后 3DRPixhawk 开源飞控也推出光流传感器选配，但需要用户自行开发，因此并没有在开源飞控中广泛应用。

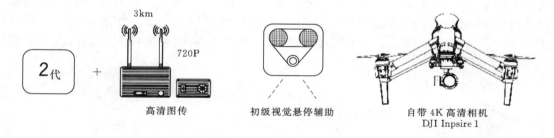

3km　720P

2代　+　高清图传　　初级视觉悬停辅助　　自带 4K 高清相机 DJI Inpsire 1

图2-12　全高清航拍无人机

图2-13　DJI Inspire 1 无人机

DJI 的"悟 1"（Inspire 1）（见图 2-13）是全球首款配备 4K 相机，集成 Lightbridge 高清图传的一体化设计航拍四轴飞行器，同时配备超声波加光流的视觉悬停辅助系统。消费级航拍无人机进入高清时代是从 2015 年 DJI 的 Phantom 3 系列开始，配备视觉悬停辅助系统提升用户飞行的安全性，无人机厂商也相继研发出 4K 超高清相机和视觉悬停辅助系统的一体机。Phantom 3、SOLO、Explorer 等无人机纷纷加入 GPS 跟随功能，提升个人航拍的操控体验。2014—2015 年，在第二代航拍无人机核心技术的基础上，发展了全高清图传、4K 相机和初级视觉悬停辅助系统三大核心技术，并增加如 GPS 跟随等辅助功能，消费级航拍无人机进入到第三代全高清航拍无人机时代。

4．第四代　2016 年至今：智能视觉无人机时期

DJI Phantom 4 智能视觉无人机悬停辅助的系统组成和处理性能进一步提升，由单一超声波和光流传感器扩展至双超声波加双光流传感器的系统，悬停精度、响应速度和环境抗干扰能力大大提升，降低无GPS 飞行时的安全风险。随着智能硬件和技术的快速发展，以第三代全高清航拍无人机核心技术为基础，具备环境感知、视觉跟随、自主避障和精确视觉悬停辅助系统等核心技术的消费类航拍无人机进入第四代智能视觉航拍无人机时代，见图 2－14。

图 2－14　DJI Phantom 4
智能视觉无人机

2.3　无人机在民用领域的应用

2.3.1　无人机在水利行业的应用

1．水环境监测

近年来，水资源污染越来越严重。目前我国水质监测主要依靠人工监测和无人船监测，人工监测需要实地采样，周期很长，且需要消耗大量的人力物力。最新出现的水质监测船也有一定缺陷，如在水面收到严重污染或有大量漂浮物使无人船会受到阻碍和污染，但基于无人机技术的水质监测采样，较好地弥补了上述缺陷，且有助于水质监测的高效化和精确化，提高了水质监测的信息化水平，并最终达到水质监测自动化、信息化和现代化的目的。

（1）水质抽样检测。以往的水质检测，是利用人工进行，划船到湖中间取水采样，不仅花费大量的人力物力，而且耗费时间长，工作效率低。

多旋翼无人机具有良好的稳定性和操控性，定位准确，起降灵活，安全性高，可在其上搭载盛水容器和抽水装置，根据匹配的位置信息点，飞行到湖中央上空后，在距湖面以上 2m 空中进行取水。这样有利于节约成本，而且工作效率高，能够快速及时地发现湖水质量问题。

（2）水域环境动态监测。利用无人机技术，对水域实施动态监测（见图 2－15），能够查明范围内水域的变化情况，通过掌握的水域基础数据来建立水域调查、水域统计及其他管理制度，逐步实现水域管理的信息化，满足社会经济发展和水域管理的需要。利用水域动态监测结果，建立水域变化及非法水域占用资料库，为水利管理提供依据。

2．水土保持监测

我国是世界上水土流失比较严重的国家之一，进行水土保持监测和普查是一项十分艰巨而重要的基础性工作，无人机遥感系统可完成对水土流失的成因、强度、影响范围及其防治成效等的实时动态监测，见图 2－16。主要包括：区域地形地貌、自然植被、气候条件等，工程项目挖填取弃土量，建设项目水土流失对周边及下游环境造成的影响等。运用传统的方法需要大量的人力、物力和时间，而利用无人机系统可迅速掌握情况，减少人员

工作量，缩短巡检周期，大大提高信息的实时性和准确性。

图 2-15　水域实施动态监测

图 2-16　利用无人机进行水土保持监测

　　无人机因其机动灵活的起降方式、低空循迹的自主飞行方式、快速响应的多数据获取能力，在水利管理上具有巨大的应用前景，包括水域规划、水利监测与水利管理。无人机还能完成水情监测、河道走向、水库监测、洪灾区域检查等，还能查看水毁桥梁、淹没区域等情况。水土保持是水利工程重要作用之一，由于水利工程规模较大，对水域内水土保持及水土流失情况进行统计，单纯依靠人工处理，无法确保数据的准确性。可以利用无人机技术调查土壤侵蚀定量来完成水土保持的研究。由于土壤侵蚀原因及过程较为复杂，受到多种自然环境及人为因素影响，根据土壤侵蚀类型的不同和影响因子的不同，参考土壤侵蚀因子指标，结合遥感技术及常规方法，在 GIS 中存取、表达和计算，完成土壤侵蚀定量的计算。利用无人机获取的遥感图像，对水土流失情况、现状及发生特点和趋势，进行科学分析并及时制定针对性改善策略，加快水土流失治理，确保水利工程的实际效用。

图 2-17　利用无人机水文检测

3. 水文检测

　　固定翼无人机飞行高度 5500m，巡航时间 1h，适用于大面积的航拍与巡视，见图 2-17。通过大范围飞行快速巡查，第一时间掌握水利资源调查信息，掌握地面水资源用地信息以及水利资源调查成果，地面工作站根据实时航拍监控数据可以清晰地分析水文数据的实时动态。

2.3.2　无人机在交通执法部门的应用

　　随着无人机的民用化和普及化，无人机的使用成本越来越低，无人机的便捷性也已经渗透到很多行业中，交警部门也启用了无人机进行执法。

2.3.3　无人机在农业、林业的应用

　　农林植保无人机广泛用于喷洒农药、施肥、播种、辅助授粉等植保作业，见图 2-

18。我国农林植保目前仍以喷雾机等半机械化装备为主，约占作业总量的90%以上，无人机农林植保占比约为1.7%，远低于日本、美国等发达国家50%以上的水平。2007年我国开始农林植保无人机的产业化探索，2010年第一架商用的农林植保无人机交付市场。农林植保无人机作业效率高、节约农药使用量与用水量等优点，随着农业现代化推进、土地流转加快，相关政策扶持，我国农林植保无人机近年来收展加快。

森林资源调查是林业的一项重要工作，列入二类调查，如果去实地进行调查，需要花费大量的人力物力，尤其在经济发达的南方集体林区，农民很少上山从事经营活动，灌木草丛生长迅速，地面调查劳动强度巨大。传统测量需要很长的周期，而且林地的树木比较茂密，对测量仪器有一定的干扰。如果使用传统的空中测量或者是卫星数据，需要的周期和成本都不是很理想，且得到的空间数据的分辨率也不是很高。使用无人机开展林业调查工作方面得到广泛应用，见图2-19。

图2-18　无人机喷洒农药

图2-19　森林普查

2.3.4　无人机在国土资源管理的应用

随着国土资源管理信息化技术的迅速发展以及在地籍测量、土地利用变更调查监测与核查、土地执法检查、地质灾害监测、科研基地系列技术研究等方面的应用深化，国土资源管理对信息数据采集及更新的技术要求也有了进一步提高。与传统的数据采集及更新方式相比，无人机航摄系统拥有低成本、高效率，快速及时获取高分辨率大比例尺影像的优势，可作为传统数据采集及更新方式的有效补充，满足信息化技术发展的需求。

利用无人机技术开展国土资源调查与土地利用监测（见图2-20），可及时反映

图2-20　国土监测

各种国土资源的具体情况，增强资源开发、环境保护与灾害防治的预见性，为国土开发与整治，环境和灾害监测，水文地质、工程地质勘查，建设工程选址、选线及城市规划提供依据。

2.3.5　无人机在电力行业的应用

随着科技的高速发展，相关数据和图像资料表明，在观察输电线路设备运行情况时，无人机技术可以起到相当关键的作用，大大减轻了电力员工的作业负担。通过无人机，可以清楚判断重要部件是否受到损坏，保证输电线路的安全，保障居民的用电。除正常巡检和特殊巡检外，还可将无人机应用在电网灾后故障巡检。当灾害导致道路受阻、人员无法巡检时，无人机可以发挥替代作用，开展输电线路巡查，准确定位杆塔、线路故障，且视角更广，能避免"盲点"，见图 2-21。无人机巡检提高了电力维护和检修的速度和效率，使许多工作能在完全带电的情况下迅速完成，比人工巡检效率高出数十倍。正常巡检主要对输电线路导线、地线和杆塔上部的塔材、金具、绝缘子、附属设施、线路走廊等进行常规性检查。巡检时根据线路运行情况、检查要求，选择性搭载相应的检测设备进行可见光巡检、红外巡检。可见光巡检主要检查内容包括：导线、地线、绝缘子、金具、杆塔、基础、附属设施、线路走廊等外部可见异常情况和缺陷。红外巡检主要检查内容包括：导线接续管、耐张管、跳线线夹及绝缘子等相关发热异常情况。通过使用无人机开展故障巡检，及时发现线路发生故障后，根据故障信息，确定重点巡检区段和部位，采用无人直升机查找故障点及其他异常情况。还可以根据季节特点、设备内外部环境及特殊生产需要做出的加强性、防范性及针对性巡检，如鸟害巡检、树竹巡检、防火烧山巡检、外破巡检、灾后巡检等。

（a）传统巡检　　　　　　　　　　　　（b）无人机巡检

图 2-21　输电线路巡检

国际咨询机构 GlobalData 预计到 2020 年，我国输电线路总里程将从 2014 年的 115 万 km 增至 159 万 km 以上。目前我国 110kV 以上高压输电线约为 52 万 km，按每年巡检 30 次测算、无人机单机巡检 3000km、无人机单价 20 多万元计算，全国需要 5000 多架无人机，对应的市场空间约为 10 亿元以上。

2.3.6　无人机在公安系统的应用

近年来，除警用直升机外，无人机作为一种新型警用装备在公安系统得到较快的应用。据不完全统计，目前全国公安系统配备各型无人机 5000 余架（套）。警用航空在警务任务中得到了广泛应用，在追捕逃犯、巡逻搜索、运送警力、铲毒禁毒、反恐防暴、交通管理、消防灭火、大型活动安保以及社会救援救助任务中发挥了不可替代的作用，成为服务社会、维护社会稳定的重要力量。

2.3.7　无人机在环境保护中的应用

无人机在环境应急突发事件中，可克服交通不利、情况危险等不利因素速赶到污染事故所在空域立体地查看事故现场、污染物排放情况和周围环境敏感点分布情况。搭载的影像平台可实时传递影像信息，监控事故进展，为环境保护决策提供准确信息。无人机可以使环保部门对环境应急突发事件的情况了解得更加全面，对事件的反应更加迅速，相关人员之间的协调更加充分，决策更加有据。无人机的使用，还可以大大降低环境应急工作人员的工作难度，同时工作人员的人身安全也可以得到有效保障。

2.3.8　无人机在工程施工中的应用

随着我国信息技术和相关应用的飞速发展，无人机因其制造成本较低，空间灵活机动性较高等特点，在辅以数字化摄影航拍技术、倾斜摄影技术、GPS 定位、GIS 技术等，可以很大程度提高信息获取的效率和准确性，可以不再受到地面人员交通等限制，可以从不同的高度和角度获取需要的数据信息。无人机可以实现高精度的现场信息收集，对工程建设全周期都可提供相应的技术支持并提升效率。图 2-22 所示为在 328 国道海姜段快速化改造工程项目指挥部现场，两名工程监管人员取出一台无人机，一人通过遥控器操作无人机进行施工现场巡查，拍摄画面；另一人通过肉眼观察无人机周边环境，并不时进行提醒。使用无人机探查不仅能缩短巡查时间，而且由于移动性强，视野开阔，现场巡查能实现无死角。本次巡查采用的为工业

图 2-22　工程监测

级多旋翼无人机，可同时挂载 30 倍光学变焦云台相机，10km 长的工程现场全部巡查下来只需 20min 左右。工程监管人员通过无人机对全路段进行飞行拍摄，以及通过对所拍摄影像的放大分析，能及时发现问题，通知相关责任单位进行整改。

2.3.9　无人机在服务业的应用

2018 年，"饿了么"在上海宣布获准开辟中国第一批无人机及时配送航线，将送餐无人机正式投入商业运营。在金山工业园的试运营期间，用户从下单到收到外卖，平均用时为 20min。在配送过程中，无人机飞行距离约占配送全程的 70%。可以说，"饿了么"在向即时配送行业加入更多技术，开始通过人机协同来完成配送，而不是大规模依赖人力。这对"饿了么"的运力组织和人机调度也有一定的要求。无人机在服务行业的应用见图 2-23。

2.3.10　无人机应用于航拍摄影

无人机航拍摄影是以无人驾驶飞机作为空中平台，以机载遥感设备，如高分辨率 CCD 数码相机、轻型光学相机、红外扫描仪、激光扫描仪、磁测仪等获取信息，用计算机对图像信息进行处理，并按照一定精度要求制作成图像。全系统在设计和最优化组合方面具有突出的特点，是集成了高空拍摄、遥控、遥测技术、视频影像微波传输和计算机影像信息处理的新型应用技术。

图 2-23　无人机在服务行业的应用

航拍无人机中爬升力较强，高度控制灵活。在短时间内完成从低海拔爬升至几百米高空的飞行任务，在没有障碍物的外部环境下，能够进行 50m 以内的超低空拍摄，这些载人航拍办不到。无人机航拍摄影在操控上极为方便，具备易于转场的遥感平台。起飞降落受场地限制较小，在操场、公路或其他较开阔的地面均可起降，其稳定性、安全性好，转场等非常容易，具有广阔的市场前景。图 2-24 为无人机应用于航拍摄影。

图 2-24　无人机应用于航拍摄影

第 **3** 章

基于无人机平台的摄影测量技术

　　随着摄影测量和无人机技术的不断发展，应用领域的逐渐扩大，无人机在获取影像方面的独特优势也逐步显现出来。第一，无人机设备应用方式快速、灵活，时效性高；第二，无人机携带方便，操作简单，安全可靠，连续作业能力强；第三，无人机飞行高度普遍低于云层高度，可拍摄高重叠率、高精度大比例尺影像，在局部信息获取方面存在巨大优势。运用无人机开展现场数据采集，在技术软件支持下，能够快速、高精度处理，实现航拍影像的快速拼接，精确的生成厘米级正射影像、超高比例尺地形数据和三维点云模型，获取相关指标信息。

3.1　无人机、传感器设备选型

3.1.1　正射影像

　　由于多旋翼无人机和固定翼无人机自身的续航时间、抗风性能、飞行速度和飞行高度等性能不一，导致其获取影像的面积和分辨率存在差异，针对获取正射影像的具体指标要求，为提高效率，应选择对应型号的无人机。

　　1. 多旋翼无人机

　　多旋翼无人机轻便，造价相对低廉，可以定点悬停。多旋翼更适合航拍、环境监测、侦查、特殊物体运输等小区域应用，也可用于小范围影像制作。图 3-1 为大疆 Inspire 多旋翼无人机，其技术参数见表 3-1；图 3-2 为大疆 Phantom 4 多旋翼无人机，其技术参数见表 3-2。

图 3-1　大疆 Inspire 多旋翼无人机

表 3－1　　大疆 Inspire 多旋翼无人机技术参数

设备类型	Insprie
单次遥测面积	小于 0.25km²
起降范围	半径 5～20m 空旷区域
控制方式	人工/全自动
遥测时间	15min
成果类型	遥测数据/视频
准备时间	5min

图 3－2　大疆 Phantom 4 多旋翼无人机

表 3－2　　　　　　　　　　大疆 Phantom 4 多旋翼无人机技术参数

设备类型	Phantom 4
无人机类型	准专业无人机
轴距	350mm
飞行时间	28min
悬停精度	垂直：±0.1m（视觉＋超声波定位），±0.5m（正常工作）； 水平：±0.3m（视觉＋超声波定位），±1.5m（正常工作）
最大水平飞行速度	20m/s
最大飞行海拔高度	6000m
工作环境温度	0～40℃

2. 固定翼无人机

固定翼无人机续航时间长，抗风性能好，拍摄面积广。固定翼更适合航测、区域监控、管道巡线、应急通信等。无人机作航测用，首选固定翼更适合，因为其更省电，飞行距离更长，拍摄面积更广等。挑选无人机的时候除了考虑价格、续航时间、抗风性等要素，其精度也应满足一般航摄需要。一般无人机工作高度是在 1000m 以上，因此，精度必须满足 1∶1000、1∶2000 的分辨率要求。图 3－3～图 3－5 为几种典型的固定翼无人机。

图 3－3　Trimble UX5 HP 固定翼无人机

图 3－4　DB－2（大白）固定翼无人机

图 3－5　eBee 固定翼无人机

3.1.2 倾斜摄影

对于需获取正射影像，或单纯采集长度、面积等二维数据的区域，可利用正射摄影；对于需获取高度、体积等三维数据，或对等高线、地形、三维点云等数据有特殊需求的可进行倾斜摄影。倾斜摄影相对于正射摄影的区别在于镜头的设置，一般倾斜摄影采用五镜头生产出的模型效果与作业效率为最佳选择。若只有一个镜头，也可以在完成正射数据采集后，再调节摄像头角度在其他 4 个方向获取影像数据，同时进行数据后处理，也可得到倾斜摄影的效果。

3.2 影像数据采集

开展无人机航空摄影测量分为航摄准备、航空摄影、数据检查、数据处理和成果输出（数字产品）5 个步骤，在获取原始资料后需要对其进行数据分析，建立工程并开展像点量测，然后进行空三作业，检查空三精度满足标准后，开展模型重建后续工作，作业流程图见图 3 - 6。

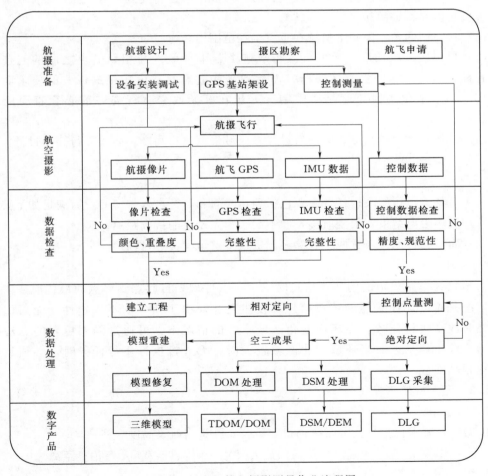

图 3 - 6　无人机航空摄影测量作业流程图

3.2.1　前期规划

3.2.1.1　规划注意事项

无人机在航飞作业前需考虑空域安全、区域基本情况等。由于无人机驾驶存在一定的风险性，所以在无人机任务规划的时候一定要考虑飞行环境限制、无人机的物理限制、飞行任务要求和实时性要求等约束条件。

1. 飞行环境限制

无人机在执行任务时，会受到如禁飞区、障碍物、险恶地形等复杂地理环境的限制，因此在飞行过程中，应尽量避开这些区域，可将这些区域在地图上标示为禁飞区域，以提升无人机的工作效率。此外，飞行区域内的气象因素也将影响执行任务的效率，应充分考虑大风、雨雪等复杂气象条件下的气象预测与应对机制。

2. 无人机的物理限制

无人机的物理限制对飞行航迹有以下限制。

（1）最小转弯半径。由于无人机飞行转弯形成的弧度将受到自身飞行性能限制，它限制无人机只能在特定的转弯半径内转弯。

（2）最大俯仰角。限制了航迹在垂直半径范围内转弯。

（3）最小航迹段长度。无人机飞行航迹由若干个航点与相邻航点之间的航迹段组成，在航迹段飞行途中沿直线飞行，而达到某些航点时有可能根据任务的要求而改变飞行姿态。最小航迹段长度是指限制无人机在开始改变飞行姿态前必须直飞的最短距离。

（4）最低安全飞行高度。限制通过任务区域最低飞行高度，防止飞行高度过低而撞击地面，导致坠毁。

3. 飞行任务要求

无人机具体执行的飞行任务主要包括到达时间和目标进入方向等，需满足如下要求。

（1）航迹距离结束，限制航迹长度不大于预先设定的最大距离。

（2）固定的目标进入方向，确保无人机从特定角度接近目标。

4. 实时性要求

当预先具备完整精确的环境信息时，可一次性规划自起点到终点的最优航迹。可是实际情况是难以保证获得的环境信息不发生变化，由于任务的不确定性，无人机常常需要临时改变飞行任务。在环境变化区域不大的情况下，可通过局部更新的方法进行航迹的在线重规划；而当环境变化区域较大时，无人机执行飞行任务时，必须具备在线重规划功能。

3.2.1.2　无人机航飞规划

1. 航飞高度

根据项目要求比例尺与分辨率通过如下公式计算出航飞高度。

公式：影像精度 × 焦距 × 图像的最大尺寸 ＝ 传感器宽度 × 拍摄距离

量纲：［m/像素］　［mm］　　　　［像素］　　　　　［mm］　　　　　［m］

2. 航摄范围规划

航向覆盖超出边界应不少于两条基线，旁向覆盖超出边界一般不应少于相幅的 50％，在便于施测像片控制点及不影响内业正常加密的情况下，旁向覆盖超出边界不应小于 30％。

3. 飞行速度

应确保影像清晰、层次丰富、反差适中、色调柔和，应能辨认出与地面相适应分辨率的小地物影像，影像上不应有云、云影、烟、大面积反光和污点等缺陷。在曝光瞬间造成的像点位移一般不应大于一个像素，最大不超过 1.5 个像素。

4. 影像航飞重叠度

应确保航摄影像，航向重叠度 60％ 以上，最小不应小于 53％。旁向重叠度一般应为 15％ 以上，最小不应小于 8％。

3.2.2 现场数据采集

3.2.2.1 航摄比例尺要求

为了充分发挥航摄影像的使用潜力，降低成本，在满足成图精度和应用要求的前提下，一般都选取较小的摄影比例尺。见表 3-3 为航空摄影测量中航摄比例尺和成图比例尺之间的关系。其中，航摄计划用图是用户单位和航摄单位联系航摄任务时，所使用或递交的一定比例尺地形图，该图既用作航摄计划用，也作航摄领航用。

表 3-3　　　　　　　　航空摄影测量中航摄比例尺和成图比例尺之间的关系

成图比例尺	航摄比例尺	航摄计划用图比例尺
1∶500	1∶2000～1∶3000	1∶1万
1∶1000	1∶4000～1∶6000	
1∶2000	1∶8000～1∶1.2万	1∶2.5万或1∶5万
1∶5000	1∶8000～1∶1.2万	
1∶1万	1∶1万～1∶2.5万	
1∶2.5万	1∶2万～1∶3万	
1∶5万	1∶3.5万～1∶5.5万	1∶10万或1∶20万
1∶10万	1∶6万～1∶7.5万	

3.2.2.2 飞行质量要求

1. 像片重叠度 ❶

（1）航向重叠度一般应为 60％～80％，最小不应小于 53％。

（2）旁向重叠度一般应为 15％～60％，最小不应小于 8％。

$$P_x = P_x' + (1 - P_x')\Delta h / H$$

$$Q_y = Q_y' + (1 - Q_y')\Delta h / H$$

---

❶　资料来源为《低空数字航空摄影规范》（CH/Z 3005—2010）。

式中　P'_x、Q'_y——像片的航向和旁向重叠标准,%;

　　　　Δh——相对于摄影基准面的高差,m;

　　　　H——摄影航高,m。

2. 像片倾角

像片倾角一般不大于 5°,最大不超过 12°,出现超过 8°的数量不应超过总数的 10%;特别困难区域,像片倾角一般不大于 8°,最大不超过 15°,出现超过 10°的片子不应超过总数的 10%。

3. 像片旋角

像片旋角一般应满足以下标准:

(1) 像片旋角一般不大于 15°,在确保航向和旁向重叠度的前提下最大不应超过 30°,在同一条航线上超过 20°的片子不应超过 8 张,超过 15°旋角的片数不应超过总数的 10%。

(2) 像片的倾角和旋角不应同时达到最大值。

4. 摄区边界覆盖保证

航向覆盖超出边界应不少于两条基线,旁向覆盖超出边界一般不应少于像幅的 50%,在便于施测像片控制点及不影响内业正常加密的情况下,旁向覆盖超出边界不应小于 30%。

$$b_x = L_x(1 - p_x)$$

$$d_y = L_y(1 - q_y)$$

$$B_x = b_x \frac{H}{f}$$

$$D_x = d_y \frac{H}{f}$$

式中　b_x——像片上摄影基线长度,mm;

　　　d_y——像片上的航线间隔宽度,mm;

　　　B_x——实地上摄影基线长度,m;

　　　D_x——实地上航线间隔宽度,m;

　L_x、L_y——像幅长度和宽度,mm;

　p_x、q_y——像片航向和旁向重叠度,%;

　　　　f——焦距,mm;

　　　H——摄影航高,m。

5. 航高保持

同一航线上的相邻像片的航高差不应大于 30m,最大航高和最小航高之差不应大于 50m,实际航高和设计航高之差不应大于 50m。

6. 漏洞补摄

航摄中出现相对漏洞和绝对漏洞均应及时补摄,应采用前一次摄影相机进行补摄,补摄航线的两端应超出漏洞范围两条基线。

7. 影像质量

（1）影像应清晰，层次丰富，反差适中，色调柔和，应能辨认出与地面相适应分辨率的小地物影像，能够建立清晰的立体模型。

（2）影像上不应有云、云影、烟、大面积反光和污点等缺陷。

（3）确保因飞机地速的影响，在曝光瞬间造成的像点位移一般不应大于1个像素，最大不超过1.5个像素。

$$\delta = \frac{vt}{GSD}$$

式中　δ——像点位移，像素；

　　　v——航摄飞机飞行速度，m/s；

　　　t——曝光时间，s；

　　GSD——地面分辨率，m。

（4）拼接影像应无明显模糊、重影和错位现象。

3.2.2.3 飞行基本效率

以大疆 Phantom 4pro 为例作航飞效率统计。倾斜摄影飞行效率见表3-4，正射摄影飞行效率见表3-5。

表 3-4　　　　　　　　　　　　　倾 斜 摄 影 飞 行 效 率

飞行高度/m	地面分辨率/cm	航向重叠度80%的摄区面积/km²		飞行高度/m	地面分辨率/cm	航向重叠度80%的摄区面积/km²	
		旁向重叠度80%				旁向重叠度80%	
		一架次	一天			一架次	一天
37	1	0.015	0.133	183	5	0.280	2.520
73	2	0.059	0.533	292	8	0.396	3.562
110	3	0.133	1.200	365	10	0.456	4.100
146	4	0.237	2.133				

注　本表按照一天9个架次计算。

表 3-5　　　　　　　　　　　　　正 射 摄 影 飞 行 效 率

飞行高度/m	地面分辨率/cm	航向重叠度80%的摄区面积/km²					
		旁向重叠度60%		旁向重叠度70%		旁向重叠度80%	
		一架次	一天	一架次	一天	一架次	一天
37	1	0.089	0.805	0.067	0.604	0.045	0.402
73	2	0.258	3.219	0.268	2.415	0.179	1.610
110	3	0.805	7.244	0.604	5.433	0.402	3.622
146	4	1.431	12.88	1.073	9.658	0.715	6.439
183	5	1.806	16.25	1.354	12.19	0.903	8.126
292	8	2.837	25.53	2.128	19.15	1.418	12.77
365	10	3.546	31.91	2.659	23.93	1.773	15.96

注　本表按照一天9个架次计算。

3.3　数据处理与生产

3.3.1　内业处理质量要求

1. 地面分辨率

DEM 格网间距应满足表 3-6 的规定，数字正射影像地面分辨率不应低于表 3-7 的规定。

表 3-6　　　　　　　　　　　　　　　　**DEM 格 网 间 距**

比例尺	格网间距/m	格网间距/s	比例尺	格网间距/m	格网间距/s
1：100000	100/50	3/1.25	1：5000	6.25/2.5	0.625
1：50000	50/25	1.25	1：2000	2.5	—
1：25000	25/12.5	1.25/0.625	1：1000	2.5	—
1：10000	12.5/6.25	0.625	1：500	2.5	—

注　坐标系为平面坐标系的格网间距单位为 m，坐标系为地理坐标系的格网间距单位为 s。

表 3-7　　　　　　　　　　　　　　**影像地面（DOM）分辨率**

比 例 尺	地面分辨率/m	比 例 尺	地面分辨率/m
1：2000	0.2	1：500	0.05
1：1000	0.1		

2. 空中三角测量精度

空中三角测量精度要求误差不应大于表 3-8 的规定。

表 3-8　　　　　　　　　　　　**空 中 三 角 测 量 精 度**　　　　　　　　　　单位：m

成图比例尺	平面位置中误差		高程中误差			
	平地、丘陵	山地、高山地	平地	丘陵地	山地	高山地
1：500	0.4	0.55	0.35	0.35	0.5	1.0
1：1000	0.8	1.1	0.35	0.35	0.8	1.2
1：2000	1.75	2.5	1.0	1.0	2.0	2.5

注　资料来源为《低空数字航空摄影测量内业规范》（CH/Z 3003—2010）。

3. 位置精度

平面位置中误差精度不应大于表 3-9 的规定。

表 3-9　　　　　　　　　　　　　**平面位置中误差精度**

比例尺	1：500		1：1000		1：2000	
地形类别	平地、丘陵	山地、高山地	平地、丘陵	山地、高山地	平地、丘陵	山地、高山地
地物点/m	0.6	0.8	1.2	1.6	2.5	2.5

注　资料来源为《低空数字航空摄影测量内业规范》（CH/Z 3003—2010）。

3.3.2 Pix4D 软件数据处理

Pix4D 软件数据处理作业流程见图 3-7。

1. 原始资料准备

原始资料包括影像数据、POS 数据（POS 中影像 ID 要和影像数据名称保持一致）以及控制点数据（控制点不是必须的）。确认原始数据的完整性，检查获取的影像中有没有质量不合格的像片。同时查看 POS 数据文件，主要检查航带变化处的像片号，防止 POS 数据中的像片号与影像数据像片号不对应，出现不对应情况应手动调整改正。

（1）POS 数据。POS 数据为记录航摄曝光时刻位置和姿态，一般格式见图 3-8，从左往右依次是像片号、经度、纬度、高度、航向倾角 φ、旁向倾角 ω、像片旋角 κ。

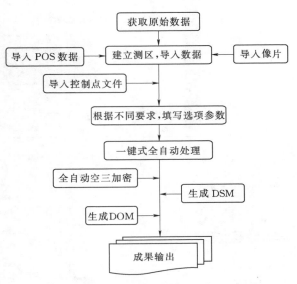

图 3-7 Pix4D 软件数据处理作业流程

```
DSC01046.JPG  41.738411 86.126944 1298   2.125887   3.914168   4.022431
DSC01047.JPG  41.738947 86.126944 1305  12.634470   3.598307  -4.632181
DSC01048.JPG  41.739480 86.126975 1308  22.093843   3.040742  -2.478828
DSC01049.JPG  41.739942 86.127008 1312   6.212863  -2.378347  -5.653925
DSC01050.JPG  41.740450 86.126975 1312   4.597848  -4.658045   3.582971
DSC01051.JPG  41.740954 86.126964 1308  15.644770  -3.196841  -3.978485
```

图 3-8 POS 数据格式

注意：Pix4Dmapper 软件只需要像片号、经度、纬度和高度就能计算。

（2）控制点文件。控制点名字中不能包含特殊字符，控制点文件可以是 TXT 或者 CSV，格式见图 3-9。

9102701	510663.429	4623422.213	932.844
9112502	510251.63	4623448.686	931.713
9111503	510186.64	4623153.16	928.621
9105004	510169.514	4622822.759	929.934

图 3-9 控制点文件格式

2. 建立工程

（1）第一步，打开 Pix4Dmapper，其软件界面见图 3-10。选项目→新建项目，然后输入工程名字，设置路径（工程名字以及工程路径不要包含中文）。新建项目选上，然后选择下一步，见图 3-11。

（2）第二步，加入影像。点添加图像，见图 3-12。选择需要处理的影像（常见影像格式 TIFF 或 jpg）。影像路径可以不在工程文件夹中，路径中不要包含中文。添加完成点击下一步。

图 3 - 10 Pix4Dmapper 软件界面

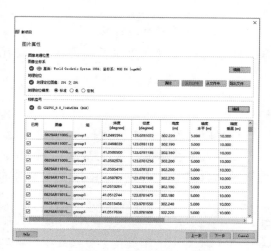

图 3 - 11 建立工程

图 3 - 12 添加影像

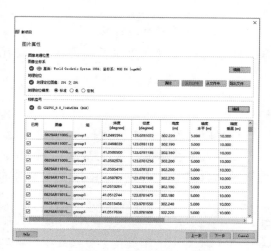

图 3 - 13 设置影像属性

（3）第三步，设置影像属性。

1）图像坐标系。设置 POS 数据坐标系，默认是 WGS84（经纬度）坐标。

2）地理定位和方向。设置 POS 数据文件，点击"从文件中导入影像定位信息"（如 GPS 信息已写入照片属性中，软件会自动读取），见图 3 - 13。

3）相机型号。设置相机文件。通常软件能够自动识别影像相机模型。

确认各项设置后，点击下一步。然后点击结束完成工程的建立。

4）选择 3D 地图，点击下一步，见图3 - 14。

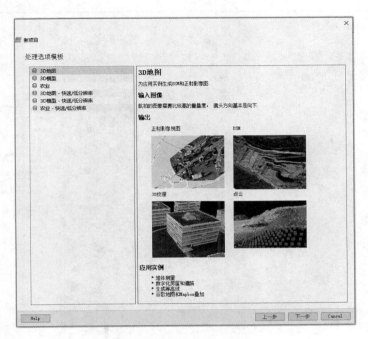

图 3-14 选择 3D 地图

5）输出坐标系选择，一般默认（如有控制点，POS 坐标系要和控制的坐标系一致），点击结束，见图 3-15。完成工程建立，见图 3-16。

图 3-15 输出坐标系选择

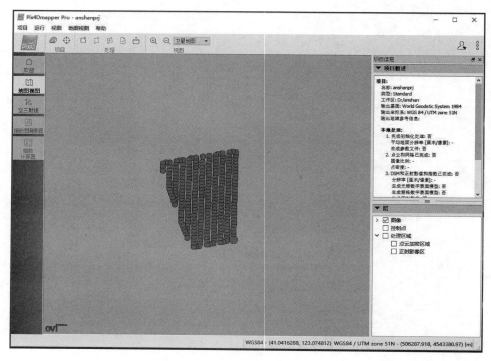

图 3 - 16　完成工程建立

3. 初始化数据处理

项目运行界面见图 3 - 17，点击"运行"菜单，见图 3 - 18 选择"本地处理"，弹出本地处理菜单。设置见图 3 - 19，"初始化处理"选上，其他不选，点开始。如不需要添加控制点只是输出预览快拼图可以全部勾选一键输出快拼影像图。

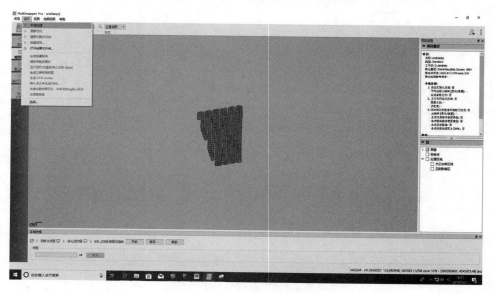

图 3 - 17　项目运行界面

图 3-18　点击"运行"菜单

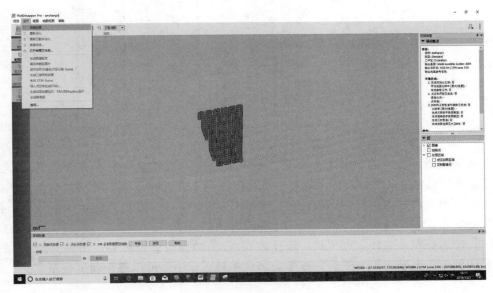

图 3-19　初始化处理界面

等待软件运行完,可以查看初始处理得到的成果——一张影像拼图,初步处理质量报告,见图 3-20。质量报告主要检查两个问题:Dataset(数据集)和 Camera optimization quality(相机参数优化质量)。

（1）Dataset。在快速处理过程中所有的影像都会进行匹配,这里我们需要确定大部分或者所有的影像都进行了匹配（绿色点显示）。如果没有就表明飞行时像片间的重叠度不够或者像片质量太差。如在测区边缘有个别影像没有被使用可以忽略,未使用影像用红色点显示。影像配准结果详见图 3-21。

（2）Camera optimization quality。最初的相机焦距和计算得到的相机焦距相差不能超过 5%,不然就是最初选择的相机模型有误,需重新设置。

4. 控制点量测

控制点必须在测区范围内合理分布,

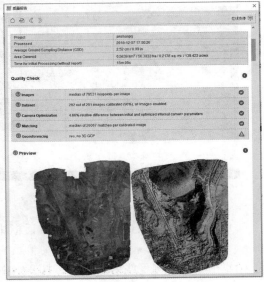

图 3-20　初始化处理结果

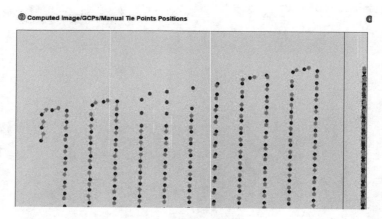

图 3 - 21　影像配准结果

通常在测区四周以及中间都要有控制点。要完成模型的重建至少要有 3 个控制点。通常 100 张像片 6 个控制点左右，更多的控制点对精度也不会有明显的提升（在高程变化大的地方，更多的控制点可以提高高程精度）。控制点不要做在太靠近测区边缘的位置，控制点最好能够在 5 张（至少要 3 张）影像上能同时找到。

（1）加入控制点文件。点项目，选择像控点/手动连接点编辑器，出现如图 3 - 22 所示的对话框。点击导入控制点后，图像会出现在对话框中，可以逐个刺出控制点。

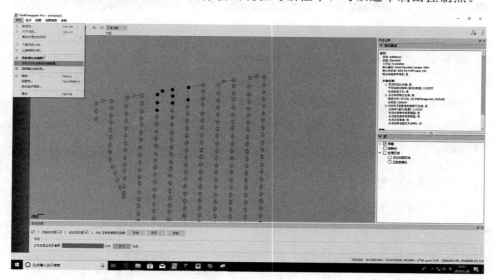

图 3 - 22　加入控制点文件

（2）选择导入像控点。在出来的对话框中设置像控点坐标系、导入控制点文件（txt格式），见图 3 - 23。

（3）空中三角测量线射线编辑。打开空中三角测量线射线编辑器，可以看到生成的连接点以及系统预测的控制点位置（蓝色的十字标间），见图 3 - 24。

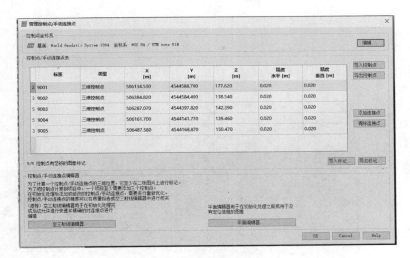

图 3-23   导入像控点

图 3-24   空中三角测量线射线编辑

在图 3-25 左侧的列表框中会显示这个控制点所在的所有图像的像片，在每张像片上左键单击图像，标出控制点的准确位置（至少标出两张）。这时控制点的标记会变成一个黄色的框中间有黄色的叉，表示这个控制点已经被标记（标了两张像片后，这个标记中间多了一个绿色的叉，则表示这个控制点已经重新参与计算重新得到的位置），见图 3-25。

检查其他影像上的绿色标志，如果绿色标记与控制点位置能够对应上，那么这个控制点不需要再标注，否则需要在更多的影像上标记出这个控制点。当所有图像中的绿色标记的位置都在正确的位置上以后，点击"使用"，见图 3-26。

图 3-25 控制点所在图像显示

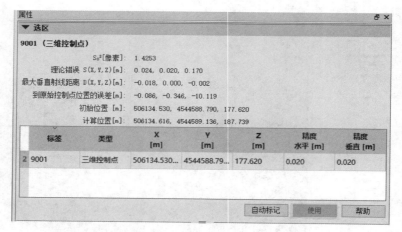

图 3-26 确定"使用"控制点

然后对其他的控制点分别进行上面的操作。当所有的点都标记完成后，点菜单栏运行，选择 Reoptimize（重新优化），把新加入的控制点加入重建，重新生成结果。检查质量报告，见图 3-27。

射线编辑器中添加连接点或编辑。点击菜单栏视图，选择"空三射线"编辑器，出现如图 3-28 所示的视图，软件生成的连接点会显示在三维视图中。在三维视图中点击会选中自动连接点，图 3-28 所示的右侧视图中会显示连接点的准确位置。点位不准确的可以在这里调整（自动连接点一般不需要调整）。具体的操作与添加控制的一致。

点击"🔗"新建连接点。出现如图 3-29 所示的对话框，在表格中双击单元格设置该控制点/连接点的属性：名称、类型等。

ⓘ Ground Control Points

GCP Name	Accuracy XY/Z [m]	Error X [m]	Error Y [m]	Error Z [m]	Projection Error [pixel]	Verified/Marked
9001 (3D)	0.020/ 0.020	-0.009	0.004	0.064	0.781	2 / 2
9002 (3D)	0.020/ 0.020	-0.021	-0.003	-0.065	1.585	3 / 3
9003 (3D)	0.020/ 0.020	0.023	0.004	-0.018	0.946	5 / 5
9004 (3D)	0.020/ 0.020	-0.002	-0.004	-0.000	0.756	5 / 5
9005 (3D)	0.020/ 0.020	-0.015	-0.007	-0.042	0.451	3 / 3
Mean [m]		-0.004927	-0.001263	-0.012246		
Sigma [m]		0.015178	0.004365	0.044040		
RMS Error [m]		0.015957	0.004544	0.045711		

Localisation accuracy per GCP and mean errors in the three coordinate directions. The last column counts the number of calibrated images where the GCP has been automatically verified vs. manually marked.

图 3 - 27　检查质量报告

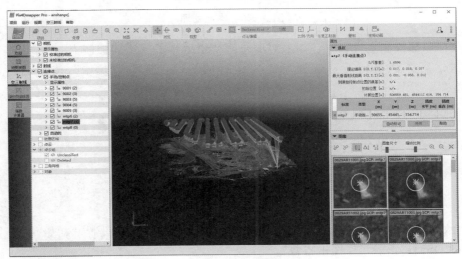

图 3 - 28　射线编辑器中添加连接点或编辑

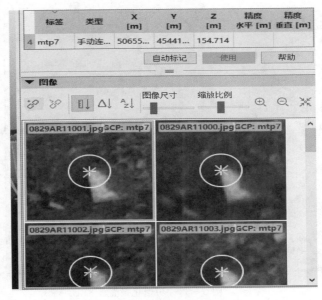

图 3 - 29　新建连接点对话框

当所有连接点添加完成后，点击菜单栏运行，选择重新优化。软件会把新加入的连接点参与重新计算。

　　5. 全自动处理

（1）第一步，点击菜单栏运行，选择本地处理，系统出现如图 3-30 所示的对话框。

图 3-30　本地处理

　　在前面添加控制点过程中，如果初步处理已经运行了（添加控制点），那么这里就不需要再次运行了。根据需要选择所需要运行的步骤，点击"开始"按钮运行，见图 3-31。

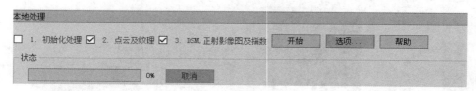

图 3-31　开始运行

　　开始处理前的一些设置，这里一般都是默认。点击"选项"设置"初始化处理""点云纹理""DSM，正射影像图击指数"。

（2）第二步，初始化设置，见图 3-32。

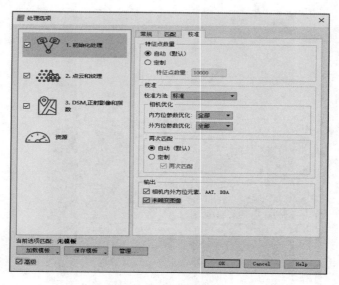

图 3-32　初始化设置

（3）第三步，点云纹理设置，见图3-33。

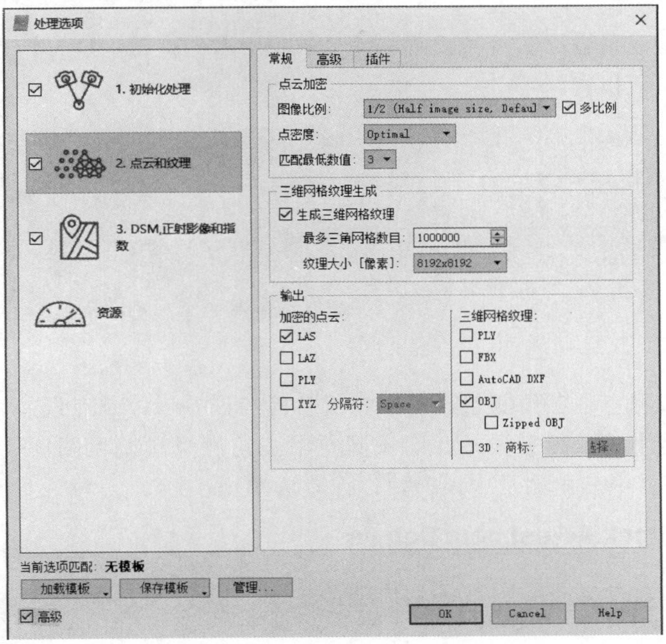

图3-33　点云纹理设置

（4）第四步，输出成果设置，见图3-34。通过此步骤设置，生成数字表面模型、正射影像或三维模型。

图3-34　输出成果设置

所有参数按照默认设置即可，如有特殊需要可以自行调整。唯一需要干预调整的只有 DOM 成果输出分辨率。

（5）第五步，成果输出。等待出现如图 3-35 所示的提示，DOM 成果已经制作完成。同时会弹出项目质量报告。

图 3-35　成果输出

6. 质量报告分析

主要关注区域网空中三角测量误差、相机自检校误差、控制点误差。

（1）区域网空中三角测量误差。区域网空中三角测量误差见图 3-36，Mean Reprojection Error 就是空中三角测量中误差，以像素为单位。

Bundle Block Adjustment Details

Number of 2D Keypoint Observations for Bundle Block Adjustment	7145897
Number of 3D Points for Bundle Block Adjustment	2750255
Mean Reprojection Error [pixels]	0.14482

图 3-36　区域网空中三角测量误差

（2）相机自检校误差。上下两个参数不能相差太大（例如：Focal Length 上面 8.016mm，下面是 12mm，那么肯定是初始相机参数设置有问题），R1、R2、R3 三个参数不能大于 1，否则可能出现严重扭曲现象，见图 3-37。

Internal Camera Parameters

GZQT5S_8.0_7146x5364 (RGB). Sensor Dimensions: 9.619 [mm] x 7.220 [mm]

EXIF ID: GZQT5S_8.0_7146x5364

	Focal Length	Principal Point x	Principal Point y	R1	R2	R3	T1	T2
Initial Values	5954.999 [pixel] 8.016 [mm]	3572.999 [pixel] 4.809 [mm]	2682.000 [pixel] 3.610 [mm]	0.000	0.000	0.000	0.000	0.000
Optimized Values	5677.949 [pixel] 7.643 [mm]	3569.272 [pixel] 4.804 [mm]	2646.025 [pixel] 3.562 [mm]	0.242	-0.639	0.499	-0.000	0.000

图 3-37　相机自检校误差

（3）控制点误差。ErrorX、ErrorY、ErrorZ 为三个方向的误差，见图 3-38。

同时，在精度报告的结尾，可以显示控制点在哪些像片中已经刺出来，还有哪些像片有刺出来，见图 3-39。如果精度不够好，根据需要可以在这些像片中刺出这些点，提高精度。

7. 成果目录

成果目录见图 3-40，1_initial 为初始化处理输出路径；2_densification 为点云及纹理输出路径；3 _ dsm _ ortho 为 DOM 成果输出路径。

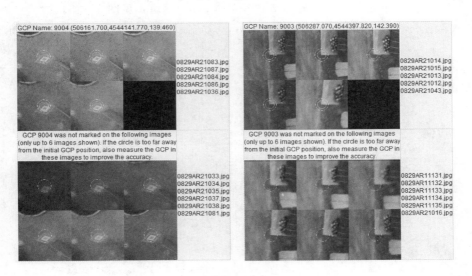

Geolocation Details

Ground Control Points

GCP Name	Accuracy XY/Z [m]	Error X [m]	Error Y [m]	Error Z [m]	Projection Error [pixel]	Verified/Marked
9001 (3D)	0.020/ 0.020	-0.009	0.004	0.064	0.781	2 / 2
9002 (3D)	0.020/ 0.020	-0.021	-0.003	-0.065	1.585	3 / 3
9003 (3D)	0.020/ 0.020	0.023	0.004	-0.018	0.946	5 / 5
9004 (3D)	0.020/ 0.020	-0.002	-0.004	-0.000	0.756	5 / 5
9005 (3D)	0.020/ 0.020	-0.015	-0.007	-0.042	0.451	3 / 3
Mean [m]		-0.004927	-0.001263	-0.012246		
Sigma [m]		0.015178	0.004365	0.044040		
RMS Error [m]		0.015957	0.004544	0.045711		

图 3 - 38　控制点误差

图 3 - 39　刺出点查看

图 3 - 40　成果目录

8. 经验分享

（1）建议获取航飞数据时航向重叠度为 70% 以上，旁向重叠度为 50% 以上。

（2）相机焦距、像元大小、照片幅宽等基本参数要清楚。

（3）数据整理，POS、照片的数量与名称是否一致，POS 坐标系要明确。POS 数据是单独文件提供还是已写入照片属性。检查 POS 及照片是否有丢漏情况。如有丢漏会造成成果有漏洞或无法连接。

（4）检查控制点数量是否满足项目设计精度要求。检查控制点的坐标系是否和 POS 坐标系相同。POS 的坐标系要以控制点坐标系为准。

（5）一般情况下，由于无人机获取的 POS 数据中三个角元素信息不够准确，建议只使用 GPS 数据即可（ID X Y Z）。

3.3.3　ContextCapture4.4 软件数据处理

（1）第一步，按照图 3-41 格式建立 blockimport.xls 文件（相机参数一般随机附带），此步主要是提高工程建立效率和大数据量任务管理设置，见图 3-42~图 3-44。若数据量较少，可直接从第二步开始，直接导入影像。

（2）第二步，启动 ContextCapture Center Master 模块，见图 3-45。

（3）第三步，调用 Block—Import blocks，选定制作的 blockimport.xls，见图 3-46。

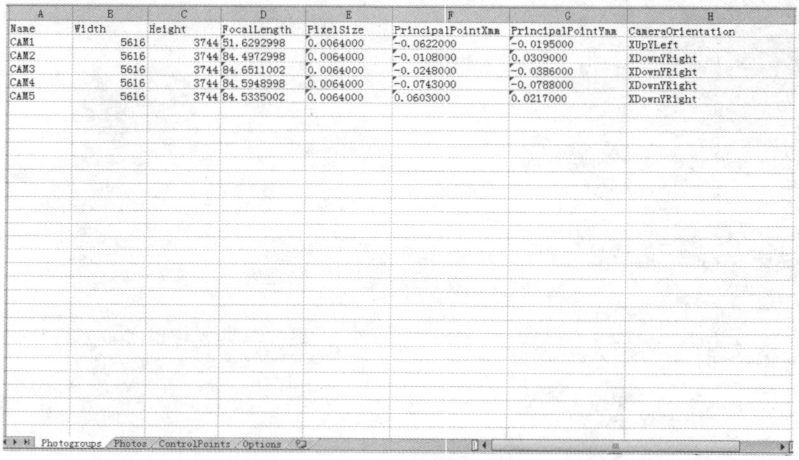

Name	Width	Height	FocalLength	PixelSize	PrincipalPointXmm	PrincipalPointYmm	CameraOrientation
CAM1	5616	3744	51.6292998	0.0064000	-0.0622000	-0.0195000	XUpYLeft
CAM2	5616	3744	84.4972998	0.0064000	-0.0108000	0.0309000	XDownYRight
CAM3	5616	3744	84.6511002	0.0064000	-0.0248000	-0.0386000	XDownYRight
CAM4	5616	3744	84.5948998	0.0064000	-0.0743000	-0.0788000	XDownYRight
CAM5	5616	3744	84.5335002	0.0064000	0.0603000	0.0217000	XDownYRight

Photogroups / Photos / ControlPoints / Options

图 3-41　建立 blockimport.xls 文件

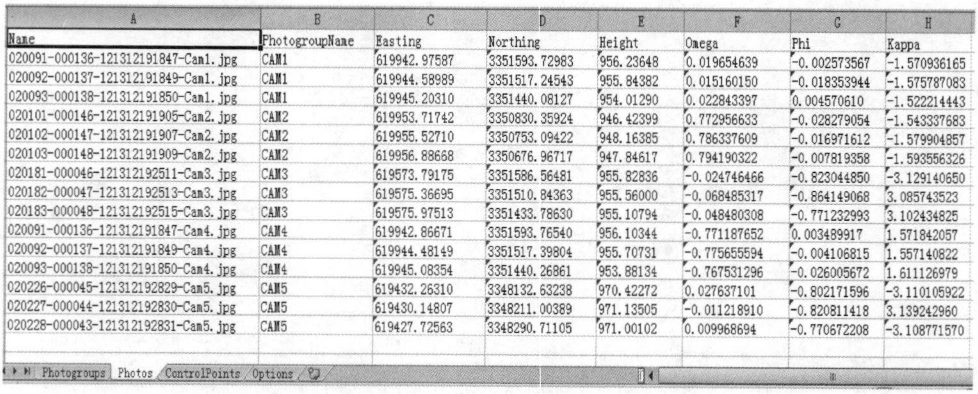

Name	PhotogroupName	Easting	Northing	Height	Omega	Phi	Kappa
020091-000136-121312191847-Cam1.jpg	CAM1	619942.97587	3351593.72983	956.23648	0.019654639	-0.002573567	-1.570936165
020092-000137-121312191849-Cam1.jpg	CAM1	619944.58989	3351517.24543	955.84382	0.015160150	-0.018353944	-1.575787083
020093-000138-121312191850-Cam1.jpg	CAM1	619945.20310	3351440.08127	954.01290	0.022843397	0.004570610	-1.522214443
020101-000146-121312191905-Cam2.jpg	CAM2	619953.71742	3350830.35924	946.42399	0.772956633	-0.028279054	-1.543337683
020102-000147-121312191907-Cam2.jpg	CAM2	619955.52710	3350753.09422	948.16385	0.786337609	-0.016971612	-1.579904857
020103-000148-121312191909-Cam2.jpg	CAM2	619956.88668	3350676.96717	947.84617	0.794190322	-0.007819358	-1.593556326
020182-000046-121312192511-Cam3.jpg	CAM3	619573.79175	3351586.56481	955.82836	-0.024746466	-0.823044850	-3.129140650
020182-000047-121312192513-Cam3.jpg	CAM3	619575.36695	3351510.84363	955.56000	-0.068485317	-0.864149068	3.085743523
020183-000048-121312192515-Cam3.jpg	CAM3	619575.97513	3351433.78630	955.10794	-0.048480308	-0.771232993	3.102434825
020091-000136-121312191847-Cam4.jpg	CAM4	619942.86671	3351593.76540	956.10344	-0.771187652	0.003489917	1.571842057
020092-000137-121312191849-Cam4.jpg	CAM4	619944.48149	3351517.39804	955.70731	-0.775655594	-0.004106815	1.557140822
020093-000138-121312191850-Cam4.jpg	CAM4	619945.08354	3351440.26861	953.88134	-0.767531296	-0.026005672	1.611126979
020226-000045-121312192829-Cam5.jpg	CAM5	619432.26310	3348132.63238	970.42272	0.027637101	-0.802171596	-3.110105922
020227-000046-121312192830-Cam5.jpg	CAM5	619430.14807	3348201.00389	971.13505	-0.011218910	-0.820811418	3.139242960
020228-000043-121312192831-Cam5.jpg	CAM5	619427.72563	3348290.71105	971.00102	0.009968694	-0.770672208	-3.108771570

Photogroups / Photos / ControlPoints / Options

图 3-42　航飞数据路径

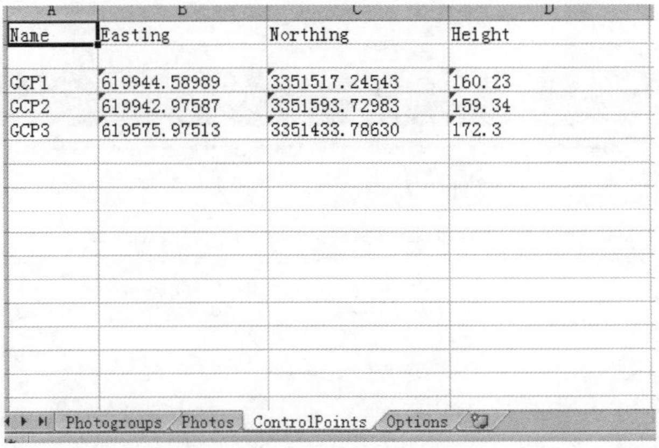

	A	B	C	D
Name	Easting	Northing	Height	
GCP1	619944.58989	3351517.24543	160.23	
GCP2	619942.97587	3351593.72983	159.34	
GCP3	619575.97513	3351433.78630	172.3	

◄ ► ►│ Photogroups / Photos / ControlPoints / Options / ♈

图 3-43　控制点坐标

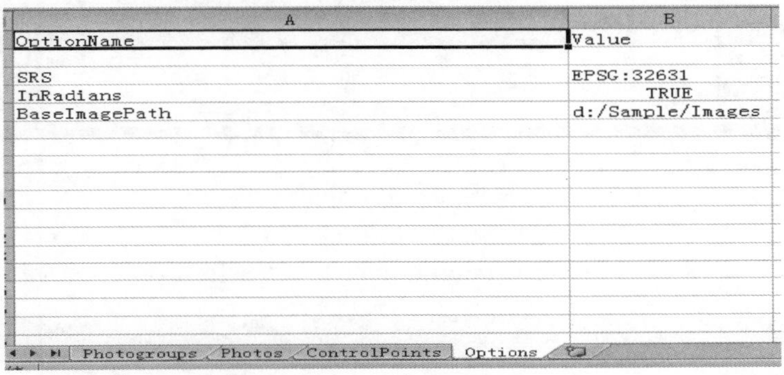

	A	B
OptionName		Value
SRS		EPSG:32631
InRadians		TRUE
BaseImagePath		d:/Sample/Images

◄ ► ►│ Photogroups / Photos / ControlPoints / Options / ♈

图 3-44　投影参数

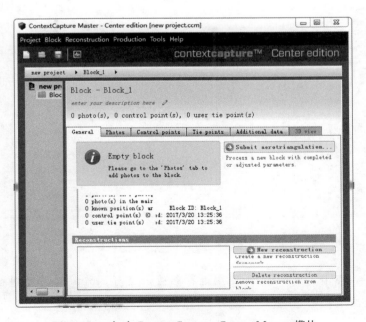

图 3-45　启动 ContextCapture Center Master 模块

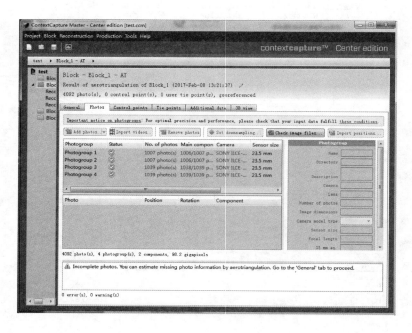

图 3 - 46　调用 Block—Import blocks

（4）第四步，调用 Submit aerotriangulation... 开始匹配连接点，见图 3 - 47。

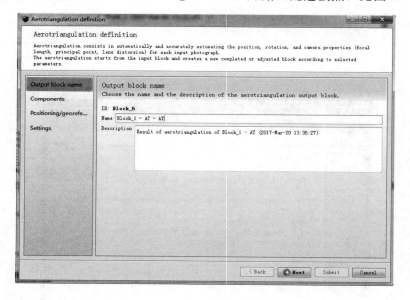

图 3 - 47　匹配连接点

（5）第五步，点击"下一步"，使用推荐参数，点击 Submit，开始进行连接点匹配，见图 3 - 48。

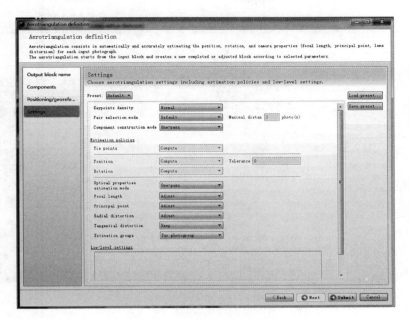

图 3 - 48　开始连接点匹配

（6）第六步，连接点匹配完成后，调用 Control points editor 模块刺控制点图，见图
3 - 49。

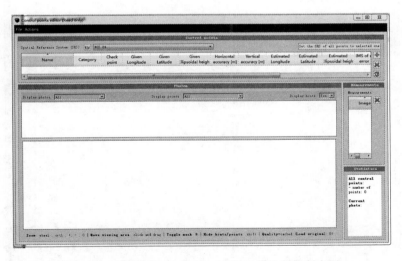

图 3 - 49　调用 Control points editor 模块刺控制点图

（7）第七步，模型重建。调用"Spatial framework"，点击图 3 - 50 中画圈处，设置
模型重建瓦片参数。

返回图 3 - 50 的"General"界面，点击"Submit new production"进行模型重建
（默认参数即可），见图 3 - 51～图 3 - 55。

（8）第八步，运行完成，见图 3 - 56。

图 3 - 50　设置模型重建瓦片参数

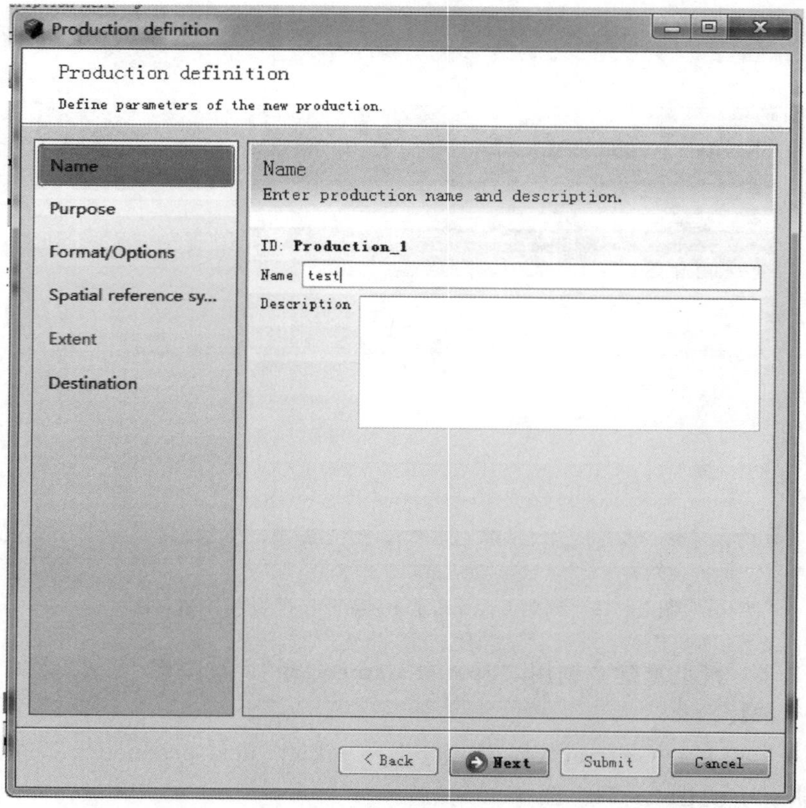

图 3 - 51　设置 Name

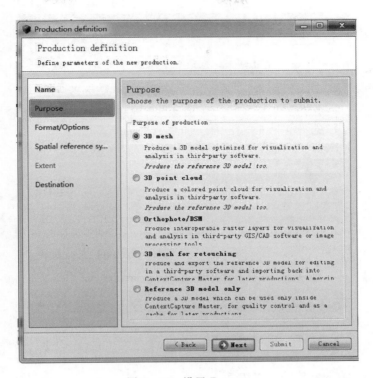

图 3-52　设置 Purpose

图 3-53　设置 Format

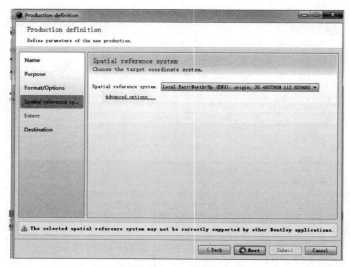

图 3 - 54　设置 Spatial reference system

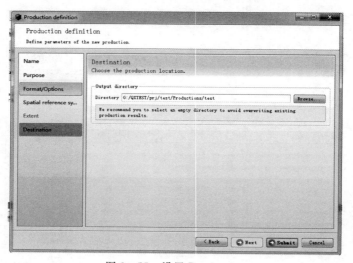

图 3 - 55　设置 Destination

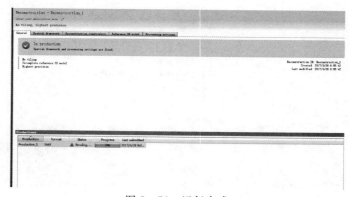

图 3 - 56　运行完成

3.3.4　UASMaster7.1 软件数据处理

1. 准备工作

（1）准备待处理影像，最好事先进行畸变改正。

（2）准备好 POS 数据。参照"3.2.2　现场数据采集"。

（3）准备好控制点数据。参照"3.2.2　现场数据采集"。

（4）准备好相机文件。

2. 新建工程

（1）第一步，双击 UAS Master 图标，打开 UASMaster7.1 软件。

（2）第二步，项目→新建或者点击 UAS 图标，进入图 3-57 所示的工程界面。在"基本"设置中，主要目的是定义目标工程的坐标系，Description 和 Operator 默认即可。"单位"中，如果 POS 坐标已经转换为与控制点一致的平面坐标系统，选择"本地"即可；如果没有控制点或者 POS 未转换为平面坐标，选择"其他"选项，在里面选择需要的目标坐标系统。一般不建议这么做，最好都是把 POS 坐标提前转换为需要的目标坐标系，选择"本地"项即可。"改正"中，把地球曲率校正和大气校正都选中，一般默认都是选中的。设置完成点击"确定"。

（3）第三步，新建相机。

1）在"UAS 项目编辑器"中，双击"摄影机/传感器"，进入图 3-58 所示的界面。

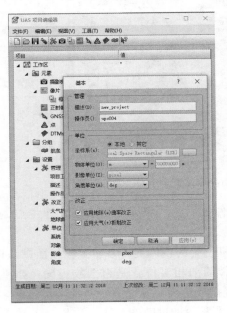

图 3-57　进入工程界面

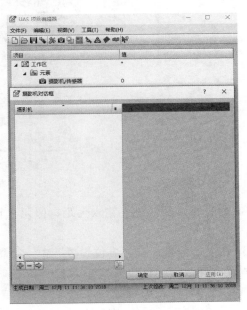

图 3-58　UAS 项目编辑器

2）点击"+"按钮（添加新条目），进入图 3-59 所示的界面。摄影机 ID 填入相机的英文名字即可，也可随便填入一个数字；传感器类型默认 CCD 宽幅；品牌中选择自定义即可（如所用相机品牌在下拉菜单中也可以选择）。点击"添加"进入图 3-60 所示的界面，设置"传感器大小"指的是照片的宽度、高度和像素单位。

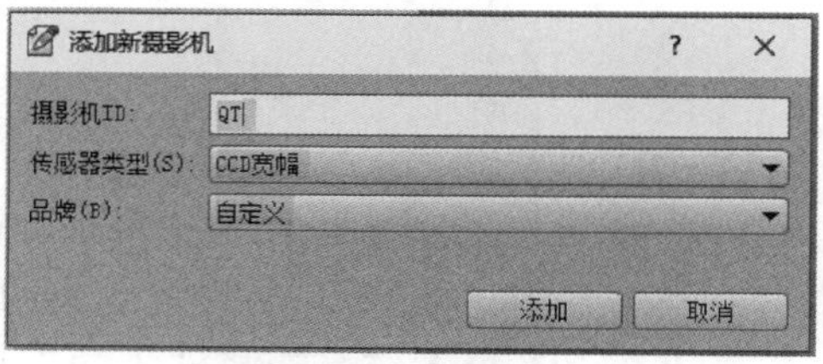

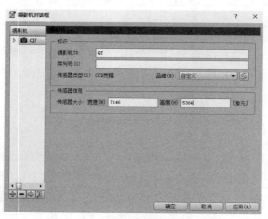

图 3-59 添加摄影机

图 3-60 摄影机对话框参数设置

3）根据相机文件设置相关参数，见图 3-61。

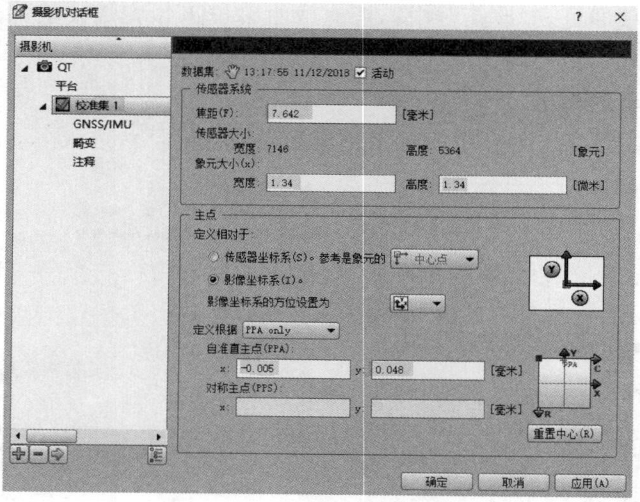

图 3-61 校准集参数设置

A. 在"校准集"中，输入焦距、像元（软件显示为"象元"）大小，像主点偏移等参数。

B. 在"影像坐标系的方位设置"中，是相机位置的整体旋转，新工程按照默认即可，待工程建立完成后，可以查看影像航带内和航带间的相对位置是否摆放正确，如果不正确，再进行相机位置的调整，直至影像相对位置摆放正确。

C. 在"像主点偏移"中一般选择 PPA，如果影像做过畸变改正，这里 x/y 输入零值即可；如使用 Pix4Dmapper 进行畸变处理，可根据输出的相机文件填写，Pix4Dmapper 会输出 INPHO 专用的 PPA 参数。

D. 在"畸变"中输入相机畸变参数，影像畸变提前已经做过，这里选择 none/off 即可；填写完成，点击"确定"。

（4）第四步，导入影像。

1）双击"框幅类型"→"导入"→"影像文件"→"添加"→"选择文件或者目录"，到需要的影像文件或者影像文件夹，见图 3 - 62。

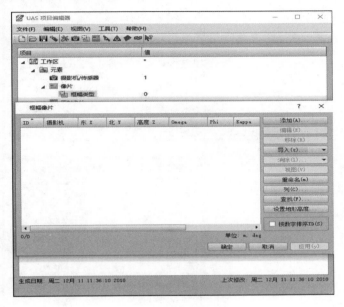

图 3 - 62　导入影像

2）在"地形高度（T）"应输入尽量准确的平均地形高度，点击"下一步"，见图 3 - 63。

如果影像 ID 中出现字幕，勾选其他选项即可，见图 3 - 64（注意影像 ID 一定要和 POS 中的 ID 一致）。可以自定义选择需要使用的字符段。之后点击下一步，直至完成。

图 3 - 63　地形高度设置

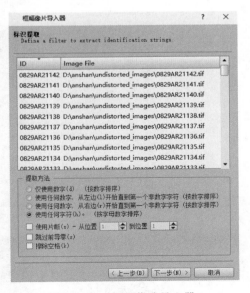

图 3 - 64　框幅像片导入器

（5）第五步，导入 POS 数据。

1）双击 GNSS/IMU，inport 需要导入的 POS 数据，按照 ID，x/y/z/OMEGA/PHI/KAPPA 进行分列，见图 3 - 65 和图 3 - 66。

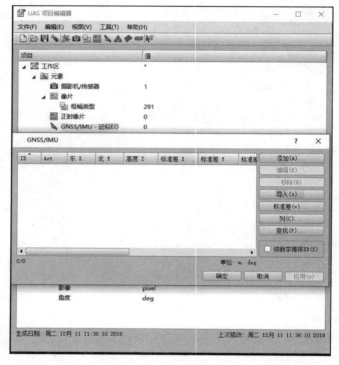

图 3 - 65　打开 GNSS/IMU 对话框

图 3 - 66　导入 POS 数据

2）指定 POS 数据每一列的属性，见图 3-67。

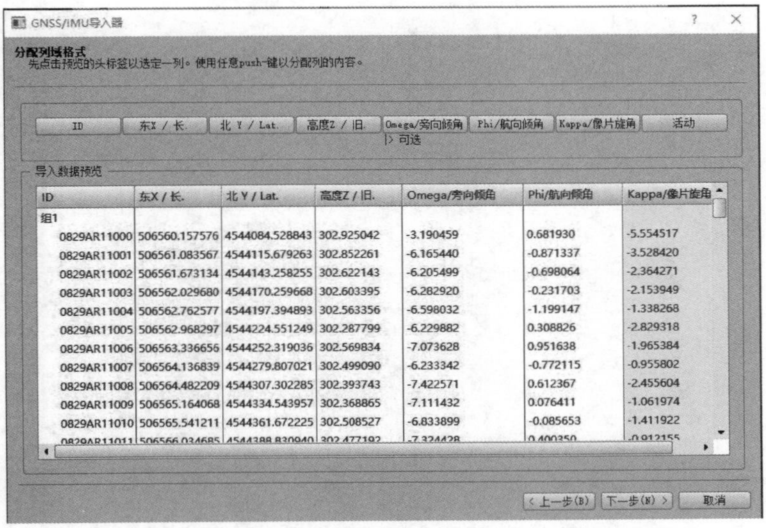

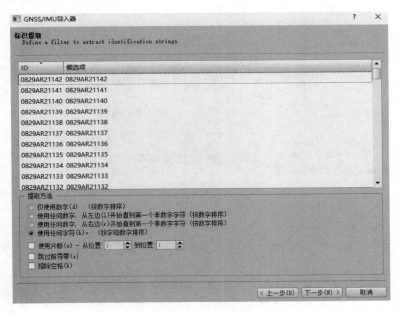

图 3-67　POS 数据各列属性指定

3）点击"下一步"，进入 ID 列表，见表 3-68。这里的 POS 中 ID 必须与刚才导入影像选取的 ID 字符——对应。

图 3-68　ID 列表

4）一直点击"下一步"即可，直到出现图 3-69 所示的界面，点击"完成"。

（6）第六步，设置标准差。导入 POS 数据之后，点击"标准差"，标准差设定，点击"默认"即可，然后点击"确定"，见图 3-70。

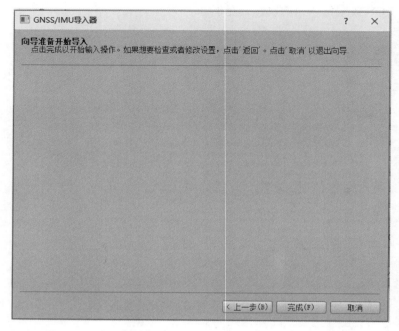

图 3-69　完成导入

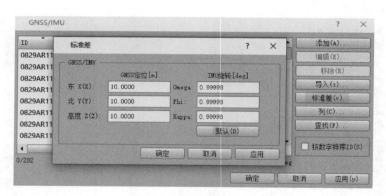

图 3-70　标准差设置

（7）第七步，导入控制点。

1）控制点导入。双击"控制点"按键，操作步骤与导入 POS 一样，见图 3-71～图 3-73。

2）控制点类型设置。这里也可对导入的控制点的类型进行设置，例如设置点的类型为平面点、高程点、检查点等。选中单个或全部选中，点击"编辑"开始设置，见图 3-74。

（8）第八步，航带生成。

1）双击"航条"按键，进入航带生成界面，点击生成，见图 3-75 和图 3-76。

2）如 POS 数据角元素误差较大，可以调整图 3-77 所示的参数后，获得较好的航条生成,见图 3-78。

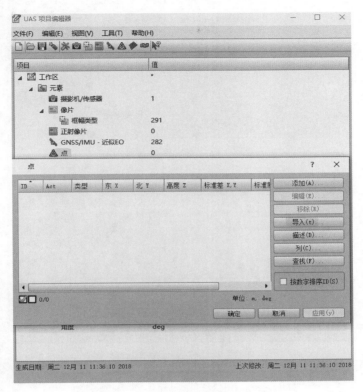

图 3-71 控制点导入对话框

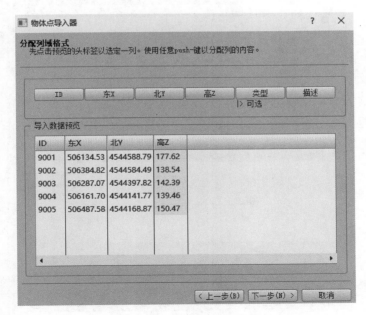

图 3-72 X、Y、Z 的设置

图 3-73　完成控制点导入

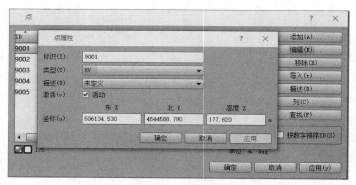

图 3-74　控制点类型设置

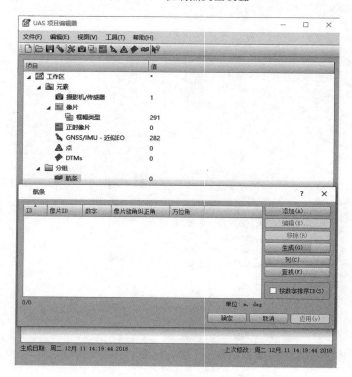

图 3-75　航带生成对话框

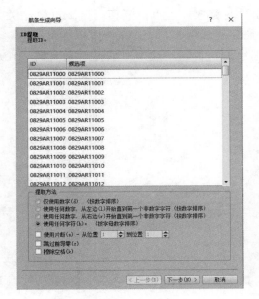

图 3-76　航带生成

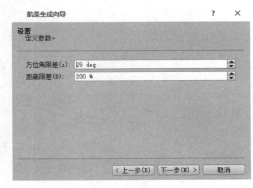

图 3-77　POS 数据角元素参数调整对话框

3）点击"下一步"，直到完成，中间会提示像片姿态角会与 POS 不一致，点击 No，见图 3-79。如果点击 Yes，软件将自动进行航带间影像旋转排序，结果可能是我们不需要的。

图 3-78　完成 POS 数据角元素参数调整

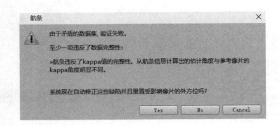

图 3-79　像片姿态角与 POS 不一致

4）如果生成航条时出现如图 3-80 所示的提示，就要返回，确认这些照片出现的提示是否属实。可能是因为个别照片旋片角过大，前面生成航条时的参数没有修改，就会弹出该对话框。如果的确没有分配航条可以手工进行修改，也可以返回，重新设置相关参数，重新生成航条。另外一个原因，就是这些照片的确是孤立了，点击 Yes 即可。

5）点击保存，选择一个保存路径和工程名字即可。出现这个对话框时只要确认导入的数据没有问题，点击 No 即可，见图 3-81。

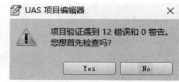

图 3-80　像片孤立提示　　　　图 3-81　导入数据是否存在问题提示

6）项目工程存放路径。添加项目工程名称，保存，见图 3-82。

图 3-82　项目工程保存

3. 影像位置检查

（1）在工程保存完后，进入以下界面，检查影像排列是否准确，见图 3-83。

（2）影像金字塔生成，需要在"影像命令器"中建立影像金字塔，点击"添加"，添

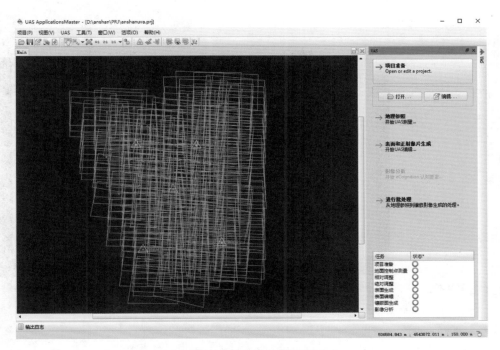

图 3-83　检查影像排列是否准确

加影像路径，全选所有影像，按图 3-84 设置，即可进行生成影像金字塔文件。这一步也可以在前期准备工作中进行。

图 3-84　生成影像金字塔文件

（3）金字塔生成后，点击"添加"或者"地理参照"，进入图 3-85 所示的界面，点击"选项"菜单，设置"首选项"。

69

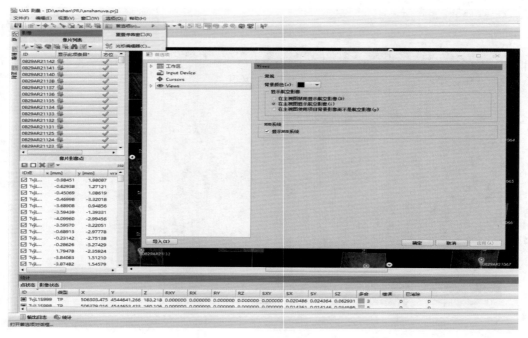

图 3-85　设置"首选项"

（4）设置影像显示为"活动"，见图 3-86。

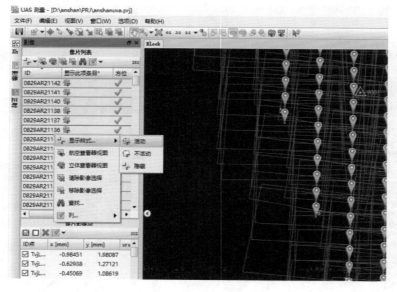

图 3-86　影像显示为"活动"设置

（5）点击影像，选中所有影像，查看影像整体摆放是否正确；或把所有片子不显示模式，选取每条航带相邻片子和相邻航带相邻片子，改为活动模式，查看影像摆放是否正确，确定航向及旁向影像关系是否正确。如果不正确，在新建工程文件相机选项中，旋转相机位置即可。影像摆放情况检查见图 3-87。

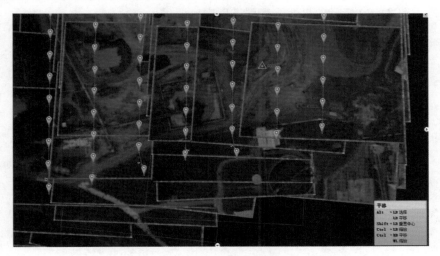

图 3-87 影像摆放情况检查

4. 连接点提取

(1) 点击图 3-88 右侧工具竖栏 UAS，点击"提取"。

图 3-88 连接点提取对话框

(2) 正常情况按照图 3-89 的模式即可，如果处理失败，飞行姿态很差，考虑使用 Low Resolutio 或者 Half Resolution，GPS 误差超过 10m，建议取消 GNSS，然后点击右侧"运行开始"按钮即可。

（3）进入图 3-90 所示的界面，等到进度完成即可。

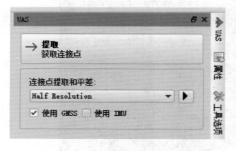

图 3-89　GNSS/IMU 辅助平差设置

图 3-90　连接点提取进度查看

（4）完成。连接点匹配完成见图 3-91。

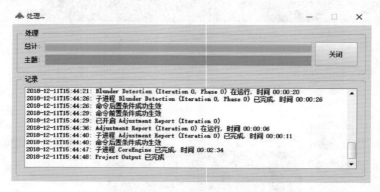

图 3-91　连接点匹配完成

注意：默认是勾选 GNSS 位置激活，并且参加到平差当中。

5. 控制点量测

左侧"点"列表中，选取双击其中一个控制点，在 multiaerial 中，会自动调出所有控制点所在的影像，可进行控制点点位量测和刺准，见图 3-92。

具体使用方法：

（1）选中"选择"图标。

（2）双击左侧"点"列表中任意一个控制点，弹出 MultiAerial 窗口，显示了所有控制点所在的图像。

（3）在 Pase size 图框显示当前窗口一次显示相片数量，可以自己滑动来调节片子数量，绿色箭头用来翻页。

（4）把鼠标放在任意一张照片上，通过按住 Ctrl＋右键＋移动鼠标的方法，可以移动照片，使光标与实际控制点地物重合。

（5）GPS 定位不准会导致预测点与实际地物点偏差较大，可先在两张像片上刺点，然后通过双击左侧点列表中对应的控制点，预测点会自动调整到实际控制点附近，便于刺点。

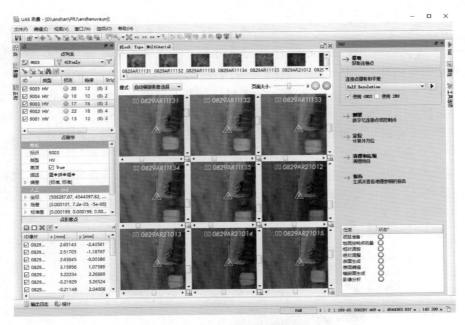

图 3-92 控制点量测对话框

（6）还可以点击"Track"图标，自动控制点刺入。

（7）可逐个把控制点刺入，然后保存。

6. 平差

（1）当控制点量测完毕，接下来可进行整体平差，见图 3-93。

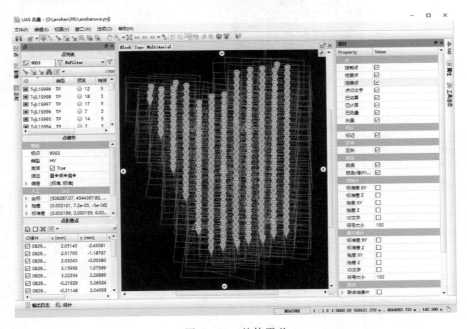

图 3-93 整体平差

（2）点击"定位"按键开始平差。

1）Adjustment with calibration 平差校准。平差和相机检校有三种方法：①First approximation 方式，用于没有检校信息可用的情况，使用这种模式计算出一个检校模型，相当于初始粗略校准；②Extensive 方式，针对所有相机做检校，通常需要一个检校模型来完成检校，一般是在 First approximation 检校基础上做进一步检校；③Refine 方式，当控制点刺完后，可以使用这一项做相机检校。一般就是按照①—②—③的顺序进行。如果相机已经通过专业的机构做过检校，相机参数非常准确，一般不用这个模式，只需要使用 Adjustment 平差即可。

2）Adjustment optional 平差。有两种方式：①Default 仅用于影像已经做过畸变改正（常用）；②Recompute EO 重新计算外方位元素。

7. 地面模型生成

（1）选择"表面和正射像片生成"，进入图 3-94 所示的界面。

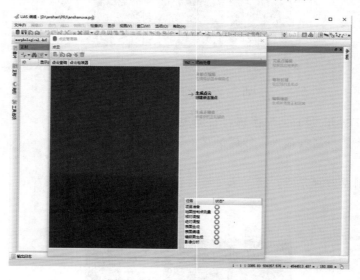

图 3-94　UAS 编辑对话框

图 3-95　生成点云

（2）点击"生成点云"进去，见图 3-95。这里可以生成 DTM 和 DSM 两种产品。如果只做 DOM，选择 DTM 就可以；如果要生成精细地表模型，需要选择 DSM 选项。

（3）选 DTM 模式，见图 3-96。点击"开始运行"键即可运行，见图 3-97。

8. DTM 编辑

（1）在图 3-98 所示对话框的"点云查询"中，在测区内任意选中一个区域或者全区域选中，选中区域变成红色。

（2）然后点击"开始点编辑"，可进行编辑，见图 3-99。

（3）DTM 的编辑在这里主要常用到两个工具。

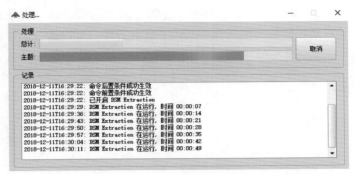

图 3 - 96　DTM 模式处理

图 3 - 97　DTM 生成完成

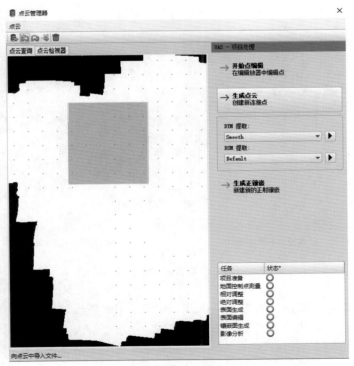

图 3 - 98　点云管理器对话框

1）筛选画刷工具。其原理就是根据刷子边缘外面的高程信息，自动把刷子区域内的高程按照刷子外围的高程进行内插。在 DTM 中点击右键，可以进行刷子形状选择，有矩形和圆形可供选择，见图 3-100。可以利用键盘 Page Up 和 Page Down 进行刷子形状大小的调整。

图 3-99 开始点编辑对话框

图 3-100 画刷工具

操作方法：选择一种刷子形状，大小调到合适，点击鼠标左键，单次刷平，按住鼠标左键，连续刷平 DTM。

2）三维空间内编辑。使用"对选中点重新插值"工具，选取一个建筑物模型，在边缘点击一下拉一条红色线，然后向建筑物另一侧拉动，选中建筑物，见图 3-101；点击左键，进入图 3-102 所示的界面。

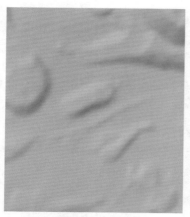

(a) 建筑物编辑前效果

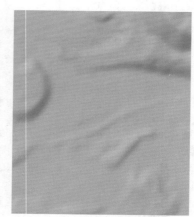

(b) 建筑物编辑后效果

图 3-101 建筑物编辑前后效果对比

按住鼠标左键，可以旋转查看三维点云，这里使用"矩形选取"工具或者"多边形选取"工具，可以选取高出地面的点，见图 3-103。

红色点就是被选中的点，选择"对选中点重新插值"工具，即可把选中的高出地面点置平到地面，见图 3-104。

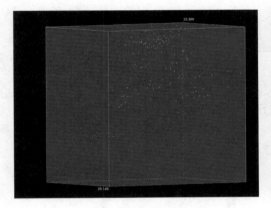

图 3 - 102　三维空间内编辑对话框

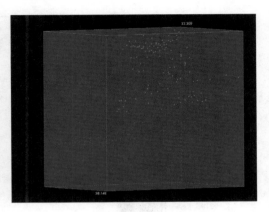

图 3 - 103　高出地面的点显示

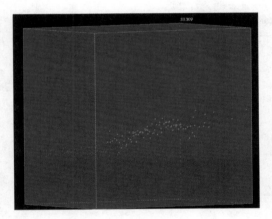

图 3 - 104　置平后效果

图 3 - 105　DTM 编辑结果保存

3）DTM 编辑完保存即可，见图 3 - 105。

注意：DTM 编辑最后是在立体模型环境下进行编辑，这样精度可以很好地控制。因立体环境下需要电脑硬件支持（专业图形显卡如丽台 P 系列）和立体眼镜（英伟达的 3D 眼镜），操作和以上步骤一致。需要选择"最佳适合立体"工具，点击 DTM 覆盖的任何区域，激活立体窗口。使用以上工具对 DTM 进行编辑。立体模式下编辑按下鼠标右键上下移动来调整高程。其他操作和上面介绍一致。

9. 正射纠正和镶嵌

点击"存储并更新点云"后，弹出如图 3 - 106 所示的对话窗口。

（1）点击"生成正镶嵌"，进行正射纠正和镶嵌；在下拉菜单的"像元大小"选项处，需要填写像元尺寸，更改和定义"地面分辨率"。

（2）在"正射镶嵌"处选择"Classic Ortho"模式，有三种选项：①Classic Ortho：经典正射；②Quick：快速正射；③True Ortho：真正射。

一般选择使用 Classic Ortho（经典正射）点击"运行开始"按钮，即可运行，见图3 - 107。

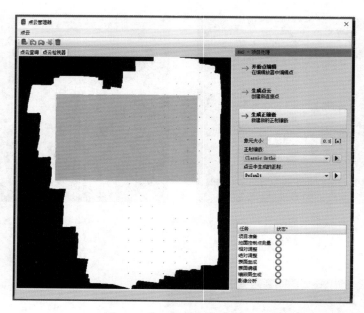

图 3 - 106　点云管理器对话框

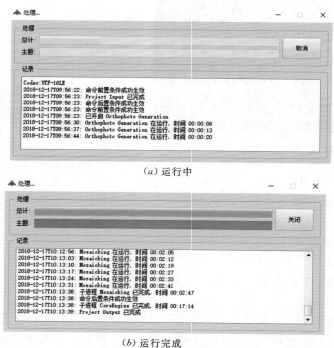

（a）运行中

（b）运行完成

图 3 - 107　经典正射

（3）运行结束后，打开工程文件夹，即可看到生成的 DOM，命名为 mosaic. tif 10.
畸变改正。

可以使用 Pix4Dmapper 软件进行畸变改正。同时还能获取较好的 POS 数据。建议使用 Pix4Dmapper 软件生成的 POS、相机参数、畸变后影像。操作步骤如下。

1）新建工程，见图 3-108。

图 3-108 新建工程

2）添加影像，见图 3-109。

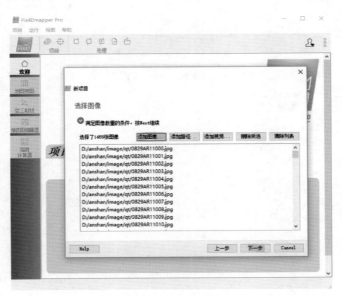

图 3-109 添加影像

3）确认坐标系、POS、相机参数，见图 3-110。
4）确认输出坐标系，见图 3-111。

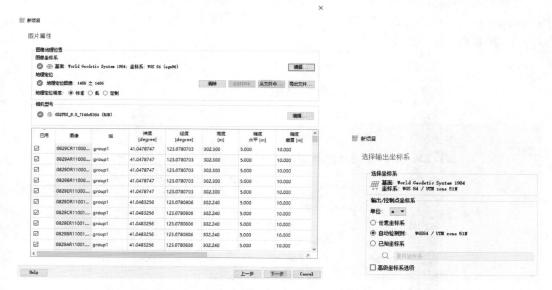

图 3-110　坐标系、POS、相机参数确认

图 3-111　输出坐标系确认

5）点击"运行"，点击"本地处理"，点击"选项"，勾选"高级"，点击"校准"，勾选"未畸变图像"，点击 OK，只勾选"初始化处理"，见图 3-112。

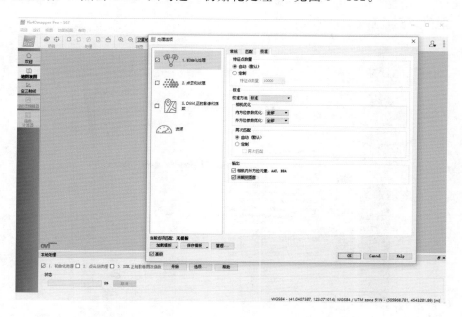

图 3-112　运行

6）等待运行完成（变为绿色）。修正后的 POS 及相机文件存放路径见图 3-113。POS 文件见图 3-114，修正后的相机文件见图 3-115，畸变后影像路径见图 3-116。

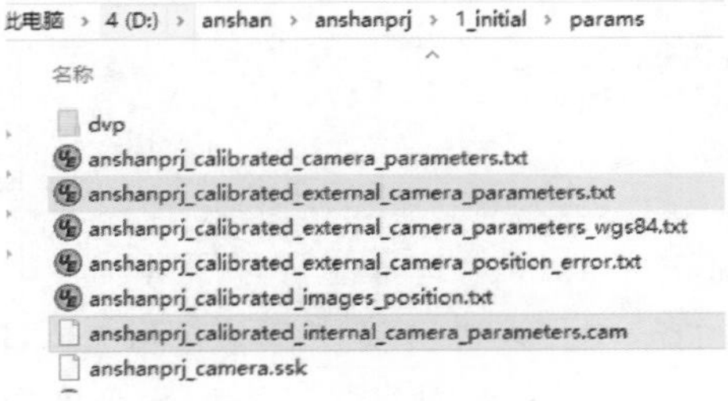

图 3-113 成果存放路径

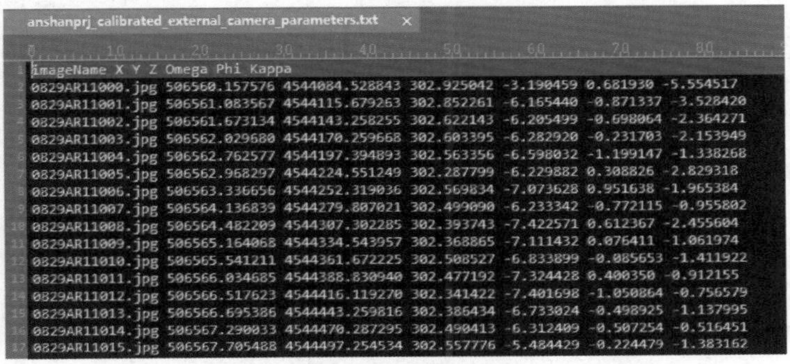

```
anshanprj_calibrated_external_camera_parameters.txt
imageName X Y Z Omega Phi Kappa
0829AR11000.jpg 506560.157576 4544084.528843 302.925042 -3.190459 0.681930 -5.554517
0829AR11001.jpg 506561.083567 4544115.679263 302.852261 -6.165440 -0.871337 -3.528420
0829AR11002.jpg 506561.673134 4544143.258255 302.622143 -6.205499 -0.698064 -2.364271
0829AR11003.jpg 506562.029680 4544170.259668 302.603395 -6.282920 -0.231703 -2.153949
0829AR11004.jpg 506562.762577 4544197.394893 302.563356 -6.598032 -1.199147 -1.338268
0829AR11005.jpg 506562.968297 4544224.551249 302.287799 -6.229882 0.308826 -2.829318
0829AR11006.jpg 506563.336656 4544252.319036 302.569834 -7.073628 0.951638 -1.965384
0829AR11007.jpg 506564.136839 4544279.807021 302.499090 -6.233342 -0.772115 -0.955802
0829AR11008.jpg 506564.482209 4544307.302285 302.393743 -7.422571 0.612367 -2.455604
0829AR11009.jpg 506565.164068 4544334.543957 302.368865 -7.111432 0.076411 -1.061974
0829AR11010.jpg 506565.541211 4544361.672225 302.508527 -6.833899 -0.085653 -1.411922
0829AR11011.jpg 506566.034685 4544388.830940 302.477192 -7.324428 0.400350 -0.912155
0829AR11012.jpg 506566.517623 4544416.119270 302.341422 -7.401698 -1.050864 -0.756579
0829AR11013.jpg 506566.695386 4544443.259816 302.386434 -6.733024 -0.498925 -1.137995
0829AR11014.jpg 506567.290033 4544470.287295 302.490413 -6.312409 -0.507254 -0.516451
0829AR11015.jpg 506567.705488 4544497.254534 302.557776 -5.484429 -0.224479 -1.383162
```

图 3-114 POS 文件

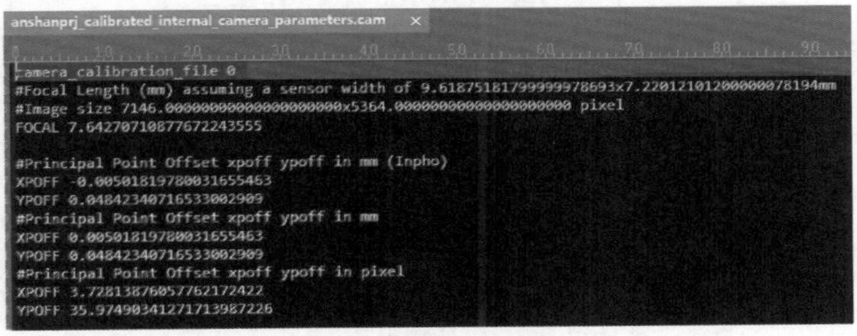

```
anshanprj_calibrated_internal_camera_parameters.cam
camera_calibration_file 0
#Focal Length (mm) assuming a sensor width of 9.61875181799999978693x7.22012101200000078194mm
#Image size 7146.000000000000000000x5364.000000000000000000 pixel
FOCAL 7.64270710877672243555

#Principal Point Offset xpoff ypoff in mm (Inpho)
XPOFF -0.00501819780031655463
YPOFF 0.04842340716533002909
#Principal Point Offset xpoff ypoff in mm
XPOFF 0.00501819780031655463
YPOFF 0.04842340716533002909
#Principal Point Offset xpoff ypoff in pixel
XPOFF 3.72813876057762172422
YPOFF 35.97490341271713987226
```

图 3-115 修正后的相机文件

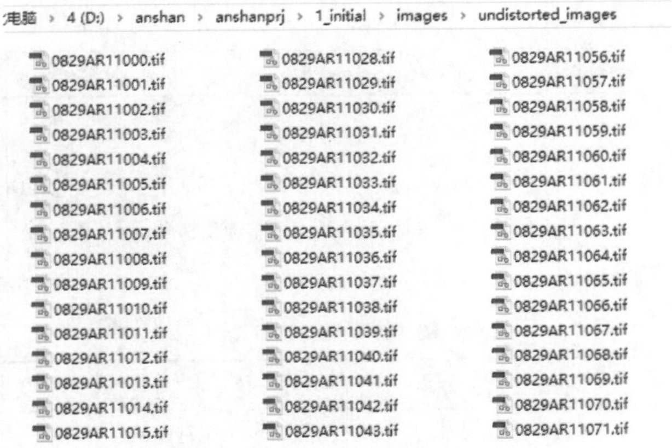

图 3-116 畸变后影像路径

3.4　数据误差与精度分析

1. 案例分析（一）

（1）飞行方案。测区面积为 4km²，地形主要以平原为主，平均海拔约为 0m，最高约 3m，最低约为 −7m，飞行采用无人机搭载 SONY DSC-RX1R 相机，设计地面分辨率为 4cm，相对行高为 310m，航向重叠度为 80%，旁向重叠度为 60%，共涉及 1 个架次，采用差分 GPS 作为控制点对成果进行纠正。

（2）飞行参数。SONY DSC-RX1R 相机飞行参数见表 3-10。

表 3-10　　　　　　　　　　　SONY DSC-RX1R 相机飞行参数

技　术　参　数	数　值	技　术　参　数	数　值
像元大小	4.5μm	快门速度	1/1600s
镜头焦距	35mm	ISO	200
地面分辨率	0.04m	飞行时间	49min
相对行高	311m	航片数量	957 张

（3）精度情况。SONY DSC-RX1R 相机成果精度见表 3-11。

表 3-11　　　　　　　　　　　SONY DSC-RX1R 相机成果精度

点号	类型	残差/m		
		x 残差	y 残差	z 残差
GCP1	控制点	−0.015	0.006	0.017
GCP2	控制点	0.129	−0.113	−0.169
GCP3	控制点	0.011	0.029	0.336
GCP4	控制点	0.03	0.127	0.122
GCP5	控制点	−0.04	0.056	−0.095
GCP6	检查点	−0.124	0.059	0.118
GCP7	检查点	0.114	0.07	0.171
GCP8	检查点	0.106	0.088	−0.133

2. 案例分析（二）

（1）飞行方案。测区为山区，东西向约为 600m，南北向约为 500m。航向重叠度为 80%，旁向重叠度为 60%，利用地面 GPS 控制点对成果进行纠正。

（2）飞行参数。大疆相机飞行参数见表 3-12。

表 3-12　　　　　　　　　　　大 疆 相 机 飞 行 参 数

技　术　参　数	数　值	技　术　参　数	数　值
地面分辨率	0.04m	飞行时间	8min
相对行高	146m	航片数量	148

（3）精度情况。大疆相机成果精度见表 3 - 13。

表 3 - 13 大 疆 相 机 成 果 精 度 单位：m

项目	RMS - x	RMS - y	RMS - z
像控点 5 个	0.013	0.048	0.056
检查点 22 个	0.161	0.096	0.087

3.5 指标提取

1. Pix4D 量测长度、面积和体积

在 Pix4D 软件中打开生成的三维点云数据，在软件工具栏中相应工具可获取长度、面积和体积等指标。具体见图 3 - 117。

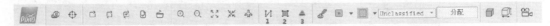

图 3 - 117 Pix4D 软件工具栏

工具栏中"1"折线对象创建功能，可以量取高程和长度。

工具栏中"2"平面对象创建功能，可以获取量测面积，见图 3 - 118。

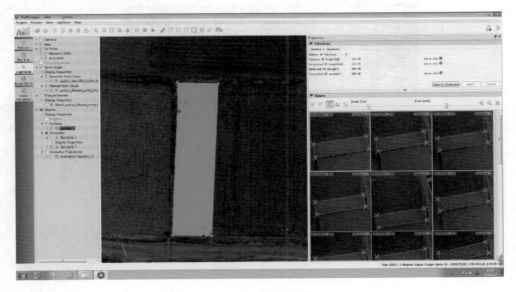

图 3 - 118 面积量测

工具栏中"3"堆体对象创建功能，可以量测物体体积，见图 3 - 119 和图 3 - 120。

2. ArcGIS 进行遥感解译

（1）Shapefile 和 dBase 表。ArcCatalog 可以创建新的 Shapefile 和 dBase 表，并通过添加、删除和索引属性来修改它们，也可以定义 Shapefile 的坐标系统和更新其空间索引。当在 ArcCatalog 中改变 Shapefile 的结构和特性（properties）时，必须使用 ArcMap 来修

图 3-119　体积量测范围选择

图 3-120　体积量测结果

改其要素和属性。

1）创建新的 Shapefile。当创建一个新的 Shapefile 时，必须定义它将包含的要素类型，Shapefile 创建之后，这个类型不能被修改。如果选择了以后定义 Shapefile 的坐标系统，那么直到被定义前，它将被定义为"Unkown"。

创建一个新的 Shapefile 文件的具体过程如下。

A. 在 ArcCatalog 目录树中，右键单击需要创建 Shapefile 的文件夹，单击 New，再单击 Shapefile。

B. 打开 Create New Shapefile 对话框，设置文件名称和要素类型。可以通过下拉菜单选择 Polyline、Polygon、MultiPoint、MultiPatch 等要素类型。

C. 单击 Edit 按钮，定义 Shapefile 的坐标系统，打开 Spatial Reference 对话框，见图 3 - 121。

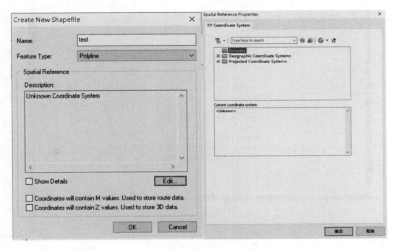

图 3 - 121　定义 Shapefile 的坐标系统

D. 单击 Select 按钮，可以选择一种预定义的坐标系统；单击 Import 按钮，可以选择想要复制其坐标系统的数据源；单击 New 按钮，可以定义一个新的、自定义的坐标系统（具体介绍见第 4 章 4.2 区域监管）。

E. 如果 Shapefile 要存储表示路线的折线，那么要复选 Coordinates will contain M Values；如果 Shapefile 将存储三维要素，那么要复选 Coordinates will contain Z Values。

F. 单击 OK 按钮，新的 Shapefile 在文件夹中出现。

创建新的 Shapefile 操作界面见图 3 - 122。

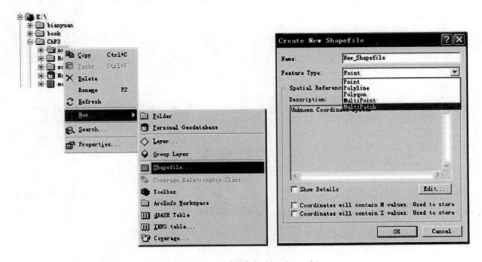

图 3 - 122　创建新的 Shapefile

2）创建 dBASE 表。在 ArcCatalog 目录树中，右键单击需要创建 dBASE 的文件夹，单击 New，再单击 dBASE Table，见图 3－123。

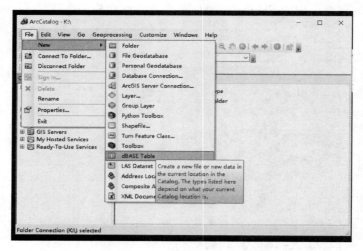

图 3－123 创建新的 dBASE 表

（2）要素采集。点击"开始编辑"，开始画点、线、面，见图 3－124。编辑选项的含义见图 3－125，捕捉工具见图 3－126。

（a）开始编辑   （b）编辑器工具条

（c）帮助文档

图 3－124 编辑器

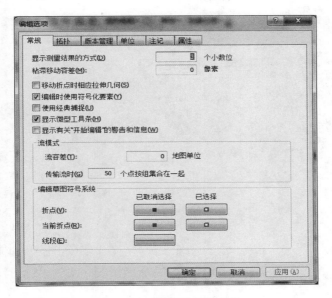

图 3-125 编辑选项的含义

（3）要素编辑。点击"开始编辑"，可以对采集点的点、线、面等对象进行分割、计算和专题信息采等操作，见图 3-127～图 3-129。

图 3-126 捕捉工具

图 3-127 分割工具

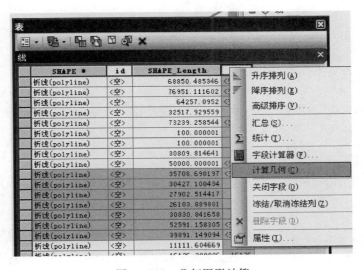

图 3-128 几何图形计算

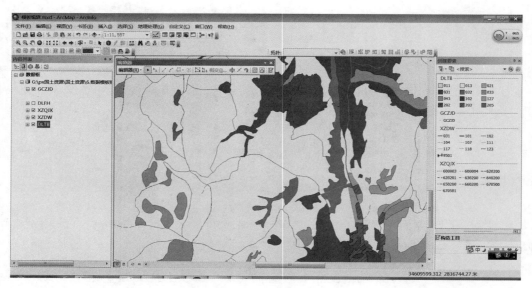

图 3 - 129　土地利用采集

第 **4** 章

无人机摄影测量技术在生产建设项目
水土保持信息化监管中的应用

为规范生产建设项目水土保持信息化监管工作，明确监管对象、内容、技术方法和要求，保证监管工作质量，提高监管水平，2018 年 1 月，水利部办公厅印发了《生产建设项目水土保持信息化监管技术规定（试行）》。

生产建设项目水土保持信息化监管是指用"天地一体化"方式开展生产建设项目水土保持监管，即综合应用卫星或航空遥感（RS）、GIS、GPS、无人机、移动通信、快速测绘、互联网、智能终端、多媒体等多种技术，开展的生产建设项目水土保持监管及其信息采集、传输、处理、存储、分析、应用的过程。

4.1.1 区域监管对象、内容与指标、技术路线

1. 监管对象

监管对象包括区域监管和项目监管。区域监管全称为生产建设项目水土保持信息化区域监管，指以某一区域（如某流域、省、市、县或者某功能区等）为监管范围，采用遥感调查和现场复核相结合的方法，通过分工协作和上下协同，对区域内所有生产建设项目扰动状况开展的整体性、全局性监管。

该项工作是针对某一区域开展的生产建设项目水土保持信息化监管工作。通过水土流失防治责任范围图矢量化实现已批生产建设项目位置和范围的空间化管理，利用遥感影像开展区域内生产建设项目扰动状况遥感监管，掌握区域生产建设项目空间分布、建设状态和整体扰动状况，为水行政主管部门开展监管工作提供依据。

2. 监管内容与指标

监管的内容与指标包括如下内容：

（1）扰动地块边界。

（2）扰动地块面积。

（3）扰动地块类型，包括弃渣场和其他扰动地块等。

（4）扰动变化类型，包括新增扰动、扰动范围扩大、扰动范围缩小、扰动范围不变、不再扰动等类型。

（5）建设状态，指扰动地块所处的施工阶段，分为施工（含建设生产类项目运营期施工）、停工、完工。

（6）扰动合规性，包括合规、未批先建、超出防治责任范围和建设地点变更等 4 种情况。

1）合规指某生产建设项目产生的扰动位于该项目批复水土保持防治责任范围内部。

2）未批先建指生产建设项目未按要求编报水土保持方案就先行开工。

3）超出防治责任范围指生产建设项目产生的扰动超出水土保持方案防治责任范围。

4）建设地点变更是指生产建设项目产生的扰动位于水土保持方案防治责任范围外部。

3. 监管技术路线

技术路线包括资料准备、遥感监管、成果整编与审核评价 3 部分。首先开展资料准备，包括收集、整理区域内各级水行政部门审批水土保持方案的生产建设项目资料，收集、处理覆盖区域范围的遥感影像；结合遥感解译标志，开展生产建设项目扰动图斑遥感解译；通过解译结果和防治责任范围的空间叠加分析初步判断扰动合规性；利用移动采集系统开展现场复核，根据复核结果对遥感监管成果进行修正；最后开展报告编写、成果整理与审核以及录入系统等工作。区域监管技术路线见图 4-1。

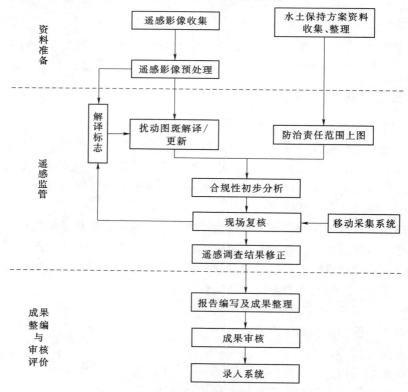

图 4-1　区域监管技术路线

4.1.2 项目监管对象、内容与指标、技术路线

1. 监管对象

项目监管全称为生产建设项目水土保持信息化项目监管，指以单个已批复水土保持方案的生产建设项目为监管对象，采用卫星遥感调查、无人机和移动终端现场信息采集相结合的方法，对该生产建设项目扰动状况和水土保持措施落实情况等开展的多频次、高精度监管。

该项工作是针对某个具体项目开展的生产建设项目水土保持信息化监管工作。通过开展水土流失防治责任范围图、措施布局图的矢量化，实现本级已批生产建设项目位置、范围、措施布局的空间化管理，利用中、高分辨率遥感影像及无人机航摄成果等开展本级管理项目遥感监管，掌握项目的扰动合规性、水土保持方案落实及变更等情况，为本级生产建设项目监督检查工作提供依据。

2. 监管内容与指标

对于项目监管而言，前5项内容、指标与区域监管完全一致，扰动合规性包括合规、超出防治责任范围和建设地点变更等3种情况。此外，生产建设项目水土保持信息化项目监管还应包括以下内容与指标：

（1）水土保持方案变更情况。项目所在地点、规模是否发生重大变更。

（2）表土剥离、保存和利用情况。对生产建设项目所占用土地的地表土是否进行了剥离、保存、利用。

（3）取（弃）土场选址及防护情况。是否按照批复水土保持方案的要求设置取（弃）土场；是否按照"先拦后弃"的要求进行堆弃，取（弃）土场的各类水土保持措施是否及时到位；弃渣工艺是否合理，是否做到逐级堆弃、分层碾压。

（4）水土保持措施落实情况。已完工项目植物措施总面积与方案设计相比是否存在减少30％以上的情况；是否存在水土保持重要单位工程措施体系发生变化，导致水土保持功能显著降低或丧失的情况。

（5）历次检查整改落实情况。是否按照各级监管部门以往提出的监督检查意见，落实整改措施。

3. 监管技术路线

技术路线包括资料准备、遥感监管、监管信息现场采集、成果整编与审核评价4部分。资料准备包括本级审批的生产建设项目水土保持方案、设计资料等整理，并对防治责任范围图、水土保持措施布局图、水土流失防治分区图等图件资料进行空间矢量化。遥感监管分为高频次遥感普查和高精度遥感详查，分别进行影像资料收集、处理工作，基于遥感影像开展扰动范围图斑、水土保持措施图斑等解译工作，再对解译成果和设计资料进行空间分析，初步判断项目水土保持合规性。利用无人机和移动采集系统开展监管信息采集，并对遥感监管成果进行复核，以便综合分析项目合规性。最后开展成果整理分析、审核以及录入系统等工作。项目监管技术路线见图4-2。

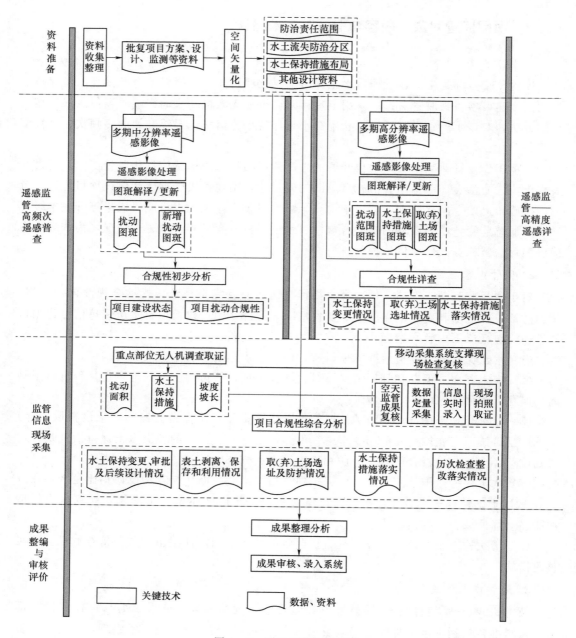

图 4-2　项目监管技术路线

4.2　区域监管

区域监管主要成果包括生产建设项目防治责任范围和扰动图斑矢量图以及各扰动图斑的合规性，同时还包括基于不用时间分辨率影像数据的变化图斑成果。

　　2016 年，松辽流域选择了某区开展区域监管示范工作，区域总面积 446.58km²，主要利用 2015—2016 年两期高分辨率遥感影像在本区开展两次生产建设活动调查，掌握生产建设项目扰动地表和防治责任范围变化情况，以及生产建设项目水土保持工作动态。

4.2.1　工作流程与技术路线

　　区域监管工作包括前期准备、遥感调查与复核、成果审核、成果应用与示范总结四个步骤。

4.2.1.1　前期准备

　　（1）人员培训。组织相关人员参加水利部水土保持监测中心于 2015 年 11 月和 2016 年 6 月举办的《生产建设项目监管示范实施方案》技术培训，培训 10 人次。

　　（2）资料收集。流域机构于 2016 年 3 月组织技术研讨会，协调省、市、县（区）及技术支撑单位开展基础资料收集工作，收集了 2009 年 1 月 1 日至 2016 年 6 月 30 日期间水利部、省水土保持局、市水土保持监督管理办公室、县（区）水土保持工作站存档的水土保持方案及批复文件等资料 25 个，其中部批 2 个，省批 13 个，市批 1 个，县（区）批 9 个。

　　（3）遥感数据接收与收集。2016 年 6 月，接收了水利部水利信息中心下发的 2015 年高分一号遥感数据（2m 分辨率全色/8m 分辨率多光谱）；2016 年 7 月，自行购买了 2016 年资源三号遥感数据（2.5m 分辨率全色相机/10m 分辨率多光谱）。

　　（4）利用无人机获取区域照片，经后期处理后生成的正射影像替换有云、雪覆盖等质量不佳或重点关注区域的遥感影像。

4.2.1.2　遥感调查和复核

　　（1）防治责任范围上图。防治责任范围包括扫描栅格图（jpg 格式）、控制点坐标、有地理坐标信息和无地理坐标信息矢量图（dwg 格式）以及不符合矢量化要求的防治责任范围图等 5 种主要类型，不同类型有不同处理方法，最终生成有空间地理坐标信息和属性的矢量图。

　　（2）遥感解译。首先建立解译标志，其次采用人机交互的方法开展扰动图斑解译。本次监管示范区域扰动图斑初步解译共计 173 个，总扰动面积为 6628.47hm²。

　　（3）合规性分析。叠加分析防治责任范围底图和解译图斑，初步判定扰动合规性，见表 4-1。经过叠加分析，有 4 个图斑的扰动范围在方案批复的防治责任范围内，合规扰动图斑数为 4 个。有 5 个防治责任范围，无对应的扰动图斑，其中 4 个井采金属矿项目，判定为已批未建项目 4 个；有 1 个公路工程项目，判定为已批建成项目 1 个。超出防治责任范围的有 11 个扰动图斑，归属于 9 个项目，多数为采矿类项目。158 个图斑没有防治责任范围，初步判定为未批先建。

　　（4）现场复核。主要采用"水土保持监督管理信息移动采集系统"开展现场复核。

　　（5）成果修正。根据现场复核结果，对遥感解译的扰动图斑和防治责任范围矢量数据的相关信息修正、完善。根据遥感解译和现场调查复核，173 个图斑中有 7 个扰动图斑需要进行分割（分割成 18 个），分割后共得 184 个图斑，删除 24 个已建成图斑，最终形成扰动图斑 160 个，总扰动面积为 6317.97hm²，见表 4-2。

表4-1　　　　　　　　　　　合规性初步判别结果表

类　型	图斑数量/个	备　　注
合规	4	
已批未建或已批建成	0	已批未见4个，已批建成1个，无对应的扰动图斑
疑似超出防治责任范围	11	归属于9个项目
疑似未批先建	158	
疑似建设地点变更	0	
合计	173	

表4-2　　　　　　　　　　　　成果汇总表

类　型	图斑数量/个	已有方案的项目数量/个	备　　注
合规	4	3	
已批未建或已批建成	0	4（已批未建）1（已批建成）	
超出防治责任范围	11	9	
未批先建	145		大部分为砂石厂、砖厂、水泥厂以及房地产；删除已建成图斑24个
合计	160	17	

4.2.1.3　成果审核

2016年11月，松辽流域水土保持监测中心站协调组织省级水土保持局、市（县）级水土保持局以及相关专家对松辽流域监管示范县遥感调查成果进行集中审核咨询后，提交松辽水利委员会审核，审核后由松辽委报送水利部。

4.2.1.4　成果应用与示范总结

松辽流域监管示范县相关技术方法及成果资料进行汇总分析，并与省级水土保持局、市（县）级水土保持局进行共享，下一步将成果应用于生成产建设项目监管工作当中，并总结相关经验结合全国水土保持监督管理系统V3.0应用建设，按照水利部统一部署，在松辽流域对监管示范工作方法进行推广应用，其总体技术路线见图4-3。

4.2.2　遥感调查与复核方法

4.2.2.1　防治范围上图

将收集的水土保持方案以及防治责任范围图进行空间化和图形化处理，获得具有空间地理坐标信息和属性信息的矢量图。其中，空间化是指将不具有明显地理空间坐标信息的图件，采用空间定位、地理配准、几何校正等方法，配准到正确地理位置上并使其具有相应地理空间坐标信息的过程；图形化是指采用人机交互方法绘制防治责任范围边界、利用拐点坐标自动生成防治责任范围折线图或者通过缓冲分析自动生成面状图形并录入相关属性信息的过程。

防治责任范围主要有纸质扫描图、dwg格式图以及用控制点坐标表示范围等多种类

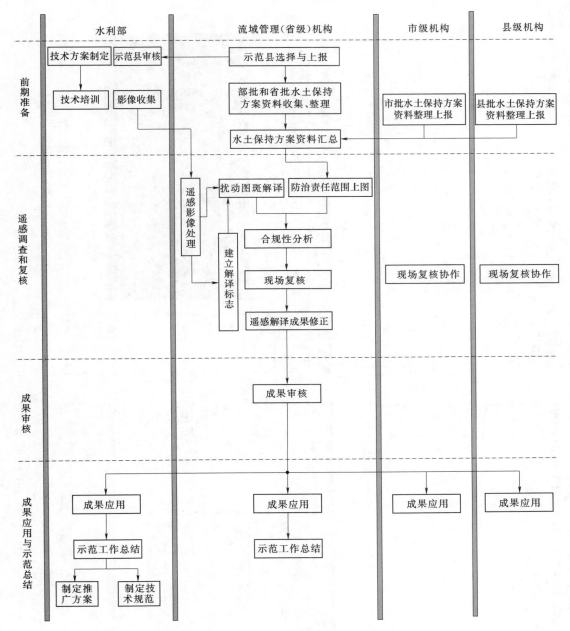

图 4-3 生产建设项目监管示范总体技术路线

型，部分防治责任范围没有相关坐标信息，无法满足矢量化要求。针对不同类型，有不同矢量化的处理方法。

1. 防治责任范围为扫描栅格图（jpg 格式）

矢量化过程包括初步定位、精确配准、边界勾绘等步骤。

（1）第一步，添加防治责任范围遥感影像。

1）打开 ArcGIS，点击"添加数据"按钮，出现添加数据窗口，见图 4-4（a）。

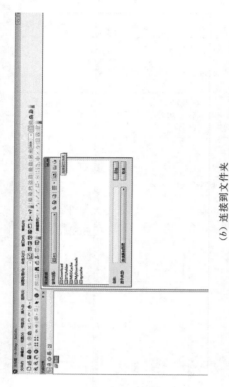

（a）添加数据

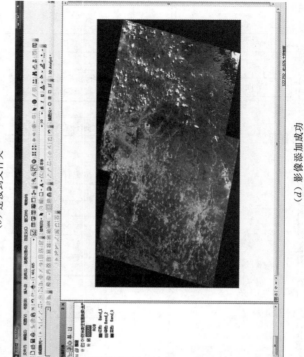

（b）连接到文件夹

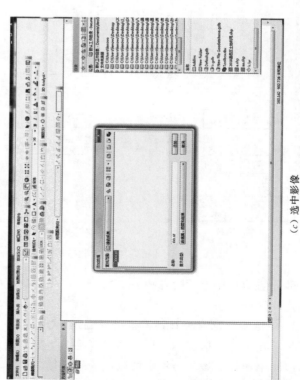

（c）选中影像

（d）影像添加成功

图 4-4　添加防治责任范围遥感影像

2）选择"连接到文件夹"，见图 4-4（b）。

3）找到遥感影像所在文件夹，点击确定。

4）选中影像×××.tif，单击添加，见图 4-4（c）和（d）。

（2）第二步，建立防治责任范围矢量文件。

1）新建一个文件夹，命名为"防治责任范围矢量"。

2）在 ArcGIS 中，单击"目录"，在目录对话框中选择"连接到文件夹"，找到"防治责任范围矢量"文件夹，单击确定，见图 4-5（a）~（c）。

3）在目录对话框中，单击"防治责任范围矢量"文件夹选中文件夹，右键"防治责任范围矢量"，单击新建，选择 shapefiles，点击确定，出现创建新 shapefiles 窗口，输入名称"FZ-XXXXXXX-YYYYQQ"，见图 4-5（d）。FZ 为"防治"的拼写首字母；"XXXXXXX"为建管区域的行政区划代码，以国家统计局网站公布的最新行政代码为准；"YYYYQQ"表示 YYYY 年开展第 QQ 期生产建设项目水土保持监管工作。

4）要素类型选择"面"，见图 4-5（e）。

5）创建坐标系，单击"编辑""添加坐标系"，选择遥感影像所在文件夹，单击"添加"，单击"确定"后防治责任范围.shp 文件自动添加至左侧"图层"列表，见图 4-5（f）~（k）。

技术规定要求成果和遥感影像大地基准参照《国家大地测量基本技术规定》（GB 22021—2008），采用 CGCS2000 国家大地坐标系统，高程基准采用 1985 国家高程基准。由于本区域遥感影像坐标系统和技术规定要求一致，在建立防止责任范围矢量文件的坐标系时可直接选择遥感影像的坐标系，具体参考上一步操作；若不利用影像坐标系，单独建立坐标系可按如下操作进行：

在完成"要素类型选择"操作后，点击"编辑"，在弹出的"空间参考属性"对话框中点击"选择"，见图 4-6（a）。

在弹出的"浏览坐标系"对话框中双击打开"Geographic Coordinate Systems"（地理坐标系）文件夹，见图 4-6（b）。

双击打开"Asia"（亚洲）文件夹，见图 4-6（c）。

单击选中"China Geodetic Coordinate System 2000.prj"，单击"添加"，见图 4-6（d）。

单击"确定"，完成坐标系设置，防治责任范围.shp 文件自动添加至左侧"图层"列表中，见图 4-6（e）和（f）。

（3）第三步，水土流失防治责任范围图（jpg 格式）与防治责任范围遥感影像配准。

1）将水土流失防治责任范围 jpg 图片添加到 ArcGIS 中，添加过程和添加遥感影像一致；当出现"是否创建金字塔"，单击"是"，见图 4-7（a）和（b）。

2）在进行空间配准时需在防治责任范围图片（jpg 格式）和遥感影像中选择相同的地物点，为方便寻找地物点可将防治责任范围图片进行透明化处理。在"图层"列表中，选中水土流失防治责任范围 jpg 文件名，右击选中"属性"，在"显示"中将透明度改为"50%"，将 jpg 图片调整为半透明状态，见图 4-7（c）和（d）。

3）空间配准，在 ArcGIS 工具栏中点击"自定义"，见图 4-7（e）。

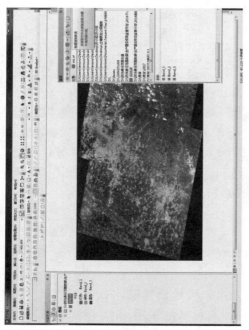

（b）单击"连接到文件夹"

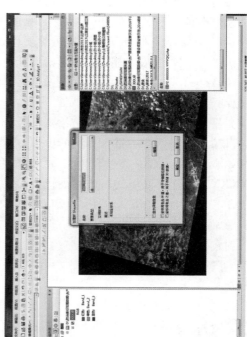

（d）新建 shapefiles

（a）单击"目录"工具

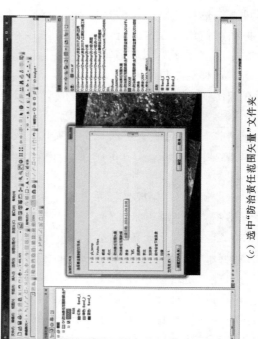

（c）选中"防治责任范围矢量"文件夹

图 4 - 5　（一）　建立防治责任范围矢量文件

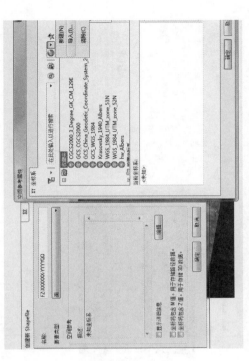

（f）单击"编辑"工具

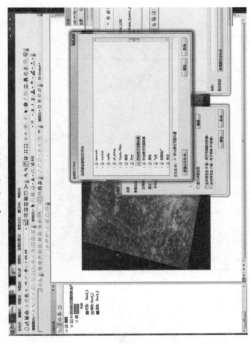

（h）选择遥感影像所在文件夹

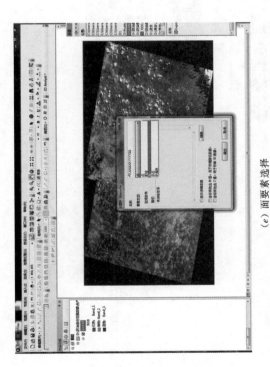

（e）面要素选择

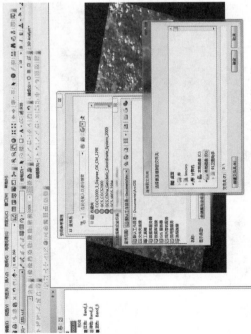

（g）单击"添加坐标系"工具

图 4-5 （二） 建立防治责任范围矢量文件

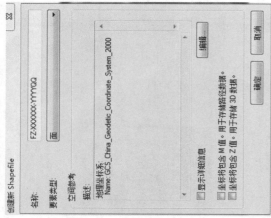

（j）完成遥感影像选择

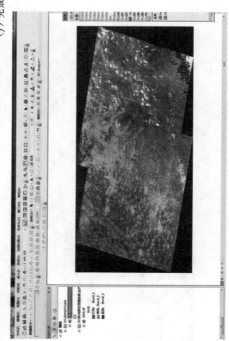

（i）选中遥感影像

（k）防治责任范围矢量文件建立完成

图 4－5 （三）　建立防治责任范围矢量文件

（a）打开"空间参考属性"对话框

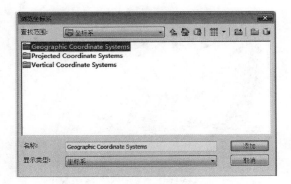

（b）打开"Geographic Coordinate Systems"
（地理坐标系）文件夹

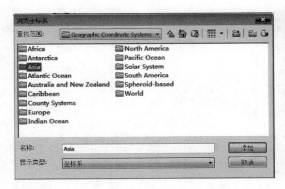

（c）打开"Asia"（亚洲）文件夹

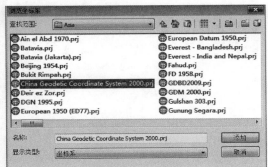

（d）选择"China Geodetic Coordinate System 2000. prj"

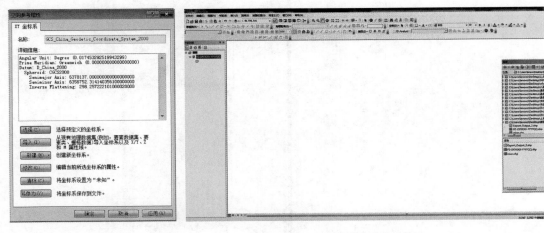

（e）确定坐标系设置

（f）矢量文件自动添加

图 4-6　不利用影像坐标系，单独建立坐标系

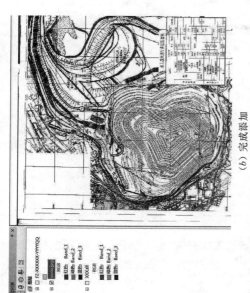

(b) 完成添加

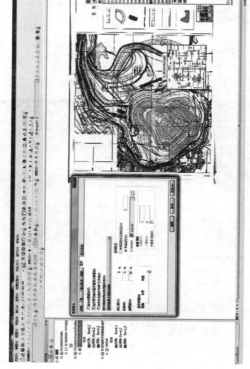

(d) 完成透明度设置

(a) 创建金字塔

(c) 打开"属性"工具

图4-7 (一) 水土流失防治责任范围图与防治责任范围遥感影像配准

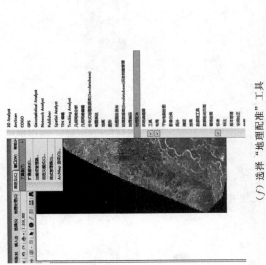

（f）选择"地理配准"工具

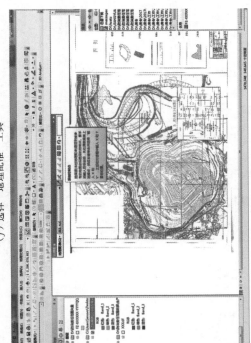

（h）打开"添加控制点"工具

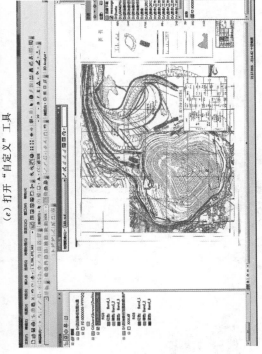

（e）打开"自定义"工具

（g）打开"地理配准"工具

图4-7（二） 水土流失防治责任范围图与防治责任范围遥感影像配准

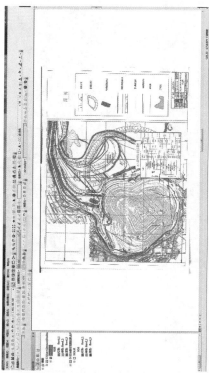

（j）在水土流失防治责任范围 jpg 图片上选择控制点

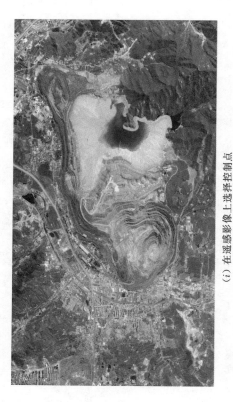

（i）在遥感影像上选择控制点

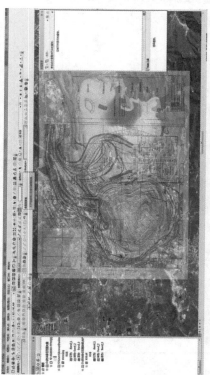

（k）点击"查看链接表"工具

（l）查看残差和总误差

（三）水土流失防治责任范围图与防治责任范围遥感影像配准

图 4-7 （三）　水土流失防治责任范围图与防治责任范围遥感影像配准

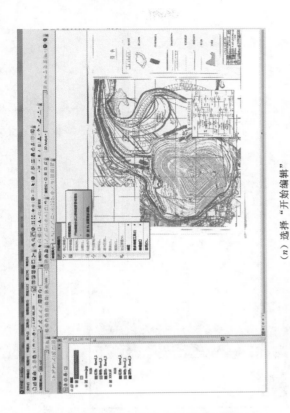

（n）选择"开始编辑"

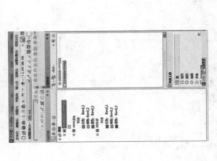

（p）勾绘防治责任范围

（m）选择"更新地理配准"

（o）打开"创建要素表"对话框

图 4-7（四）　水土流失防治责任范围图与防治责任范围遥感影像配准

105

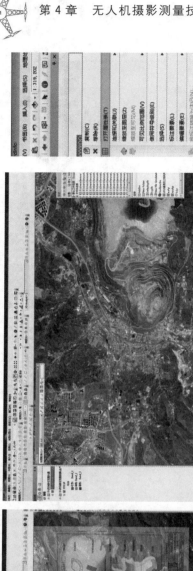

（r）选中防治责任范围矢量文件

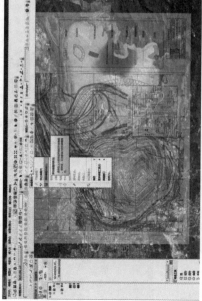

（q）选择"保存编辑内容"

（s）打开"属性表"

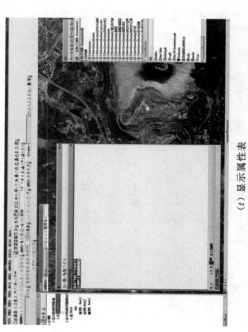

（t）显示属性表

（u）单击"表选项"

图 4-7（五）　水土流失防治责任范围图与防治责任范围遥感影像配准

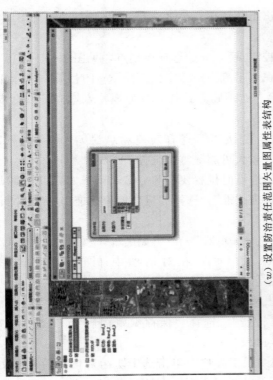

(w) 设置防治责任范围矢量图属性表结构

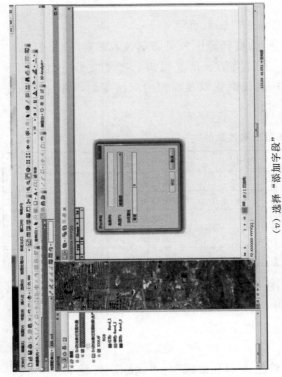

(v) 选择"添加字段"

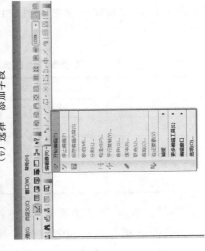

(x) 选择"开始编辑"

(y) 完成属性表编辑

图 4-7（六） 水土流失防治责任范围图与防治责任范围遥感影像配准

将鼠标放至"工具条"后在右侧自动弹出下拉菜单，单击选择"地理配准"，见图4-7（f）。出现地理配准工具条，见图4-7（g）。

在"地理配准"工具条中，点击"添加控制点"，开始选择控制点，见图4-7（h）。

首先在遥感影像上单击选择一点，然后在水土流失防治责任范围jpg图片单击选择相同位置一点，见图4-7（i）和（j），完成第一个地物点选择，其他地物点选择按以上步骤操作。

选择完地物点后，在工具栏可点击"查看链接表"查看残差和总误差，见图4-7（k）和（l）。一般残差小于1为最佳，若残差较大可删除重新选择。

对于小面积点型项目可选择5个点左右，选点时位置要均匀分布，对于大面积点型项目或线型项目至少选择5个控制点。点击"地理配准"，选择"更新地理配准"，完成空间配准，见图4-7（m）。

4）绘制防治责任范围矢量。在工具栏中点击"编辑器"→"开始编辑"，见图4-7（n）。

出现"创建要素表"对话框，见图4-7（o）。在对话框中单击选中"FZ-XXXXXXX-YYYYQQ"后"构造工具"显示"面""矩形"等选项。点击构造工具"面"，沿着防治责任范围左键单击，逐点画出范围图，见图4-7（p）。

在完成防治责任范围画图后，点击"编辑器"，选择"保存编辑内容"，见图4-7（q）。选择"停止编辑"，退出防治责任范围勾绘。

5）属性信息录入。建立属性表，首先在图层工具栏中单击选中防治责任范围矢量文件"FZ-XXXXXXX-YYYYQQ"，右击"FZ-XXXXXXX-YYYYQQ"，单击打开"属性表"，见图4-7（r）～（t）。

单击"表选项"，选择"添加字段"，见图4-7（u）和（v）。

分别输入名称以及类型，命名规则依照"防治责任范围矢量图属性表结构"，见表4-3和图4-7（w）。其中项目名称、建设单位、项目类型、批复机构、批复文号、组成部分以及备注用文本型；批复时间的类型为日期；责任面积以及面积为双精度型，并且小数位数选择两位。

表4-3　　　　　　　　　　防治责任范围矢量图属性表结构

序号	字段意义	Shapefile字段名	序号	字段意义	Shapefile字段名
1	项目名称	PRNM	6	批复时间	SADT
2	建设单位	DPOZ	7	责任面积	DAREA
3	项目类型	PRTYPE	8	组成部分	PART
4	批复机构	SEAA	9	面积	PAREA
5	批复文号	SANUM	10	备注	NOTE

单击"编辑器"，选择"开始编辑"，见图4-7（x）。这时属性表处于可编辑状态，将每个防治责任范围的相应数据填入属性表中，见图4-7（y）。在编辑完成后点击"保存编辑内容"，点击"停止编辑"，退出属性表属性录入。

2. 防治责任范围以控制点坐标表示

在地理信息软件中，直接将控制点信息转化为shp格式（polygon）矢量文件，然后进行坐标转换。

（1）第一步，把 Excel 坐标点加入 ArcGIS 中。

1）打开"ArcGIS"，点击左上角"文件"，弹出下拉菜单。将鼠标放在"添加数据"弹出下拉菜单，单击"添加 XY 数据"，出现"添加 XY 数据"窗口，见图 4-8（a）。

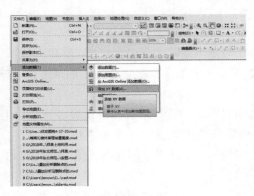

（a）添加 XY 数据

（b）单击"浏览"

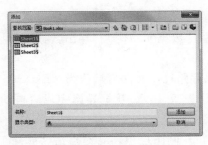

（c）选择坐标点保存的位置

（d）添加 XY 数据

（e）空间参考属性编辑

（f）WGS-1984 坐标系选择

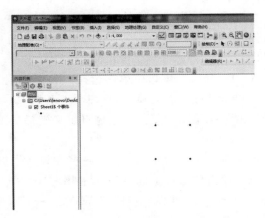

（g）坐标点添加完成

图 4-8　把 Excel 坐标点加入 ArcGIS 中

在"添加 XY 数据"对话框中单击"浏览",见图 4-8 (b)。

出现"添加"窗口,在"添加"对话框中点击"连接到文件夹",选择坐标点保存的位置,见图 4-8 (c)。

单击选中 Excel 文件,单击"添加";选择数据所在的工作表"Sheet1＄",单击"添加"。当出现"连接数据库失败,出现基础数据库错误,没有注册类"的提示时,将 Excel 保存为 2003 版本的即可。

在"添加 XY 数据"对话框中"X 字段"根据 Excel 选择经度,"Y 字段"选择纬度,"Z 字段"不填。在确定 X、Y 字段时应根据 Excel 中 X、Y 所对应代表的信息进行选择经纬度,见图 4-8 (d)。

2)添加坐标系统。手持 GPS 坐标系为 WGS-1984 坐标系,在设置各点的坐标系时首先设置为 WGS-1984 坐标系。可参考防治责任范围矢量文件坐标系设置。

在"添加 XY 数据"对话框中,单击"编辑",出现"空间参考坐标系"窗口,见图 4-8 (e)。

在"空间参考坐标系"窗口中单击"选择"。在弹出的"浏览坐标系"对话框中双击"Geographic Coordinate Systems"文件夹。

在"Geographic Coordinate Systems"对话框中双击"World"文件夹,单击"WGS-1984",以后每个出现的窗口都单击"确定",见图 4-8 (f)。设置完成坐标系后自动将点位添加至图层栏,见图 4-8 (g)。

(2) 第二步,将 Excel 坐标点导出为 shp 文件。

1) 在左侧图层工具栏中右击"sheet1＄事件",选择"数据",选择"导出数据",见图 4-9 (a)。

出现"导出数据"窗口,在"输出要素类中"选择保存路径,文件名默认为"Export_Output.shp"的矢量文件,然后全部单击"确定",见图 4-9 (b)。数据导出完成后自动添加至左侧图层栏,见图 4-9 (c)。

2) 将原来的 Excel 点文件"sheet1＄事件"移除,在左侧图层栏,右键点击"sheet1＄事件",单击"移除",见图 4-9 (d)。

(3) 第三步,转化 shp 文件坐标。

1) 进行矢量文件坐标转换。在工具栏中单击"ArcToolbox",出现"ArcToolbox"窗口,见图 4-10 (a)。

在"ArcToolbox"窗口中单击选择"数据管理工具",见图 4-10 (b)。在弹出的下拉菜单中,单击"投影和变换",见图 4-10 (c)。

在弹出的下拉菜单中双击"创建自定义坐标变换",出现"创建自定义坐标变换"窗口,见图 4-10 (d)。

在"创建自定义坐标变换"窗口选择"输入地理坐标系"后的按钮,出现"空间参考属性"窗口,单击"地理坐标系",见图 4-10 (e)。

双击"World"文件夹,双击"WGS-1984",单击"确定",完成输入地理坐标系设置,见图 4-10 (f)。

与输入地理坐标系设置相同,单击"输出地理坐标系",出现"空间参考属性"窗口,单击"地理坐标系"。

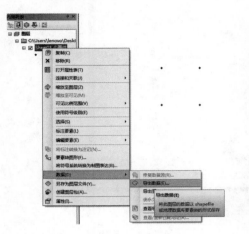

（a）选择"导出数据"

（b）设置导出数据名称、保存路径

（c）矢量文件自动添加

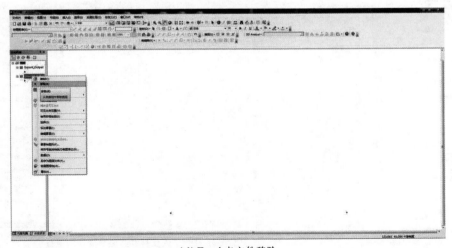

（d）Excel 点文件移除

图 4-9 将 Excel 坐标点导出为 shp 文件

（a）打开"ArcToolbox"窗口

（b）打开"数据管理工具"

（c）打开"投影和变换"

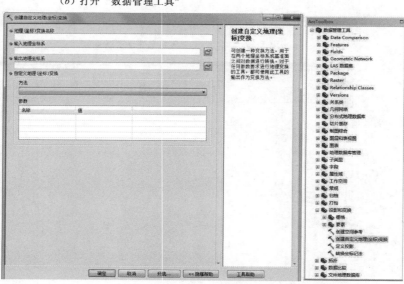

（d）打开"创建自定义坐标变换"窗口

图 4-10（一）　转化 shp 文件坐标

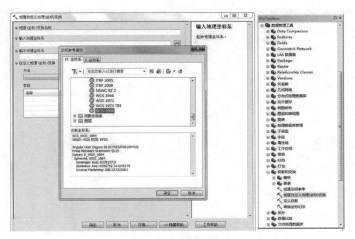

（e）打开"空间参考属性"窗口

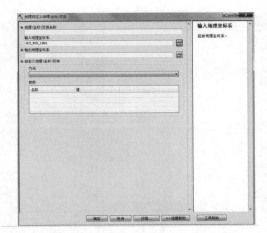

（f）完成输入地理坐标系"WGS_1984"设置

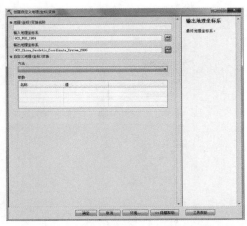

（g）完成输出地理坐标系"CGCS2000"设置

（h）"地理坐标系转换名称"公式设置

（i）地理坐标变换方法设置

图 4-10（二） 转化 shp 文件坐标

（j）打开"投影和变换"窗口

（k）选择"投影"工具　　　　　　　　　　（l）打开"投影"对话框

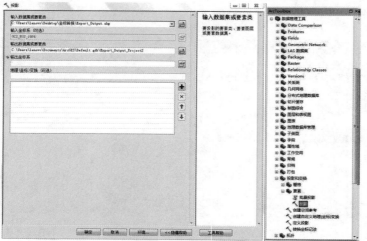

（m）"输入数据集或要素类"选择上一步生成的矢量文件

图 4-10（三）　转化 shp 文件坐标

（n）打开输出坐标系"空间参考属性"窗口

（o）完成输出坐标系"CGCS2000"设置

（p）"地理坐标变换"公式设置

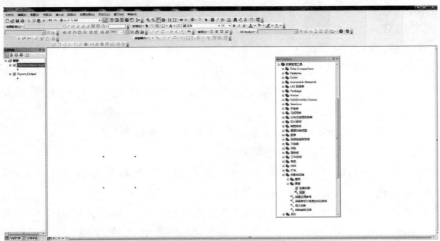

（q）"Export_Output_project"数据显示

图 4 - 10（四） 转化 shp 文件坐标

双击"Asia"文件夹，双击"CGCS2000"，单击"确定"，完成输出地理坐标系设置，见图 4-10（g）。

在"地理坐标系转换名称"里分别把输入地理坐标以及输出地理坐标复制进来，中间用"to"连接，见图 4-10（h）。

在"方法"中选择"GEOCENRICTRANSLATION"，单击"确定"，见图 4-10（i）。

2）进行矢量文件投影转换。在"Arctoolbox"里单击"数据管理工具"，在下拉菜单中单击"投影和变换"，见图 4-10（j）。

单击"要素"，在下拉菜单中双击"投影"，出现"投影"对话框，见图 4-10（k）和（l）。

单击"输入数据集或要素类"后的文件夹，在"输入数据集或要素类"找到上一步生成的矢量文件位置，单击选中矢量文件，点击"添加"，见图 4-10（m）。

单击"输出坐标系"后的按钮，出现"空间参考属性"窗口，见图 4-10（n）。

单击"地理坐标系"，双击"Asia"文件夹，双击"CGCS2000"，单击"确定"，完成输出坐标系设置，见图 4-10（o）。

在"地理坐标变换"中，分别把输入地理坐标以及输出地理坐标复制进来，中间用"to"连接（有时也可自动生成），单击"确定"。自动将设置完坐标系的文件"Export_Output_project"添加至左侧图层栏，见图 4-10（p）和（q）。

将原来的矢量文件（Export_Output）删除。在图层列表中单击选中"Export_Output"，右键选择"移除"。

将生成的新矢量（Export_Output_project）导出。在图层列表中单击选中"Export_Output_project"，右键选择"数据"，再选择"导出数据"，出现"导出数据"对话框。

在"导出数据"对话框，在"输出要素类"选择导出位置，单击"确定"，生成新矢量（Export_Output_2）。

将原来的矢量（Export_Output_project）移除，将新生成的矢量（Export_Output_2）加载入 ArcGIS。

（4）第四步，把点图层转化为面图层。

首先新建一个面图层，名为"mian"。打开编辑器，点击"构造工具"中的"面"，把 4 个点连接起来，形成一个面图层。单击"保存编辑内容"，完成面图层勾绘，见图 4-11。

3. 防治责任范围为矢量图（dwg 格式，有地理坐标信息）

矢量化过程仅包括格式转换和坐标转换。

（1）在工具栏中单击"添加数据"，在"查找范围"里找出要添加的 dwg 文件，单击"添加"，单击"确定"，dwg 文件添加完成，见图 4-12（a）。

在"内容列表"对话框中，单击选择"按源列出"，在 dwg 文件列表中只勾选"防治责任范围.dwg Polygon"多边形文件，点文件、线文件等不选择，见图 4-12（b）和（c）。

右键点击"图层"，单击"属性"，出现"数据框属性"窗口，单击"坐标系"，选择

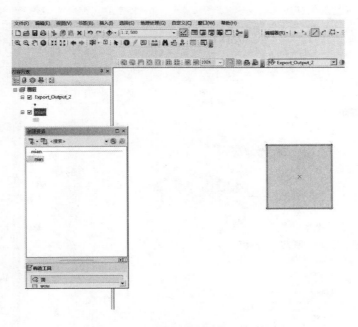

图4-11 点图层转化为面图层

地理坐标系，见图4-12（d）和（e）。

双击"Asia"文件夹，单击"CGCS2000"，单击"确定"，完成对防治责任范围文件坐标系的设置，见图4-12（f）。

（2）在图层列表单击选中"防治责任范围.dwg Polygon"，右键点击"防治责任范围.dwg Polygon"，选择"数据"，选择"导出数据"。

出现"导出数据"窗口，选择"数据框"，在"输出要素类"中选择保存路径以及命名，单击"确定"，见图4-12（g）。生成的矢量会自动添加进ArcGIS。

4. 防治责任范围为矢量图（dwg格式，没有地理坐标信息）

矢量化过程包括栅格化、初步定位、地理配准、防治责任范围边界勾绘等步骤。具体操作流程参照防治责任范围图为jpg格式的处理方法。

5. 示意性上图

不符合矢量化要求的防治责任范围图，需进行示意性上图。

（1）点型项目。以项目中心点为圆心，绘制一个直径为100m的圆形，并填写相应属性，同时应在备注中注明"示意性上图"。

（2）线型项目。根据项目走向、经纬度等信息，绘制示意性的面状图形，并填写相应属性，同时应在备注中注明"示意性上图"。

生产建设项目不同类型防治责任范围图矢量化过程见图4-13。

4.2.2.2 遥感解译

根据需要对遥感影像进行专题信息增强、影像融合、影像镶嵌等处理，利用遥感影像解译生产建设项目扰动图斑，确定实际扰动范围。

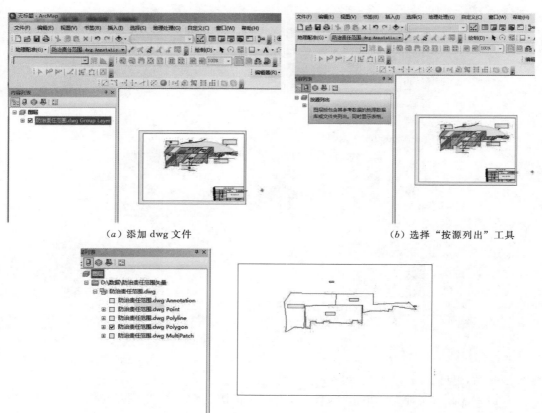

（a）添加 dwg 文件　　　　　　　　　　　　（b）选择"按源列出"工具

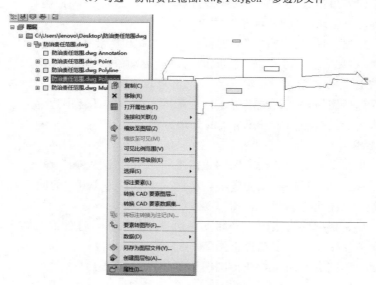

（c）勾选"防治责任范围. dwg Polygon"多边形文件

（d）单击"属性"功能

图 4-12（一）　有地理坐标信息的 dwg 格式文件矢量化

（e）打开"数据框属性"对话框　　　（f）设置完成"CGCS2000"坐标系

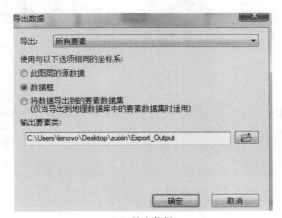

（g）导出数据

图 4-12（二）　有地理坐标信息的 dwg 格式文件矢量化

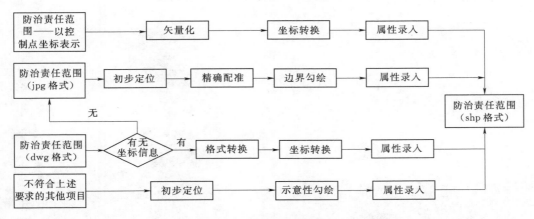

图 4-13　生产建设项目防治责任范围图矢量化技术流程

1. 解译标志建立

在扰动图斑解译前应首先建立解译标志，对每个类型结合其影像特征，从波谱特征（色调或色彩）和空间特征（形状、纹理、表明粗糙度、阴影、水系）等方面描述其解译特征。应根据不同的生产建设项目不同的扰动区域建立解译标志。

在野外调查的基础上，在监管示范区分六类建立生产建设项目解译标志12个。其中，露天金属矿2个，露天非金属矿3个，房地产工程2个，加工制造类项目1个，尾矿库2个，弃渣场2个，详见表4-4。

表4-4　　　　　　　　　　　　　生产建设项目解译标志

图斑编号	C04-003	调查日期	2016年10月26日
项目类型	露天金属矿	施工阶段	已建成（生产）
影像特征	影像色调：灰黑色，偏亮； 纹理：表面高低起伏，有明显凹凸，道路痕迹清晰； 形状：不规则边缘不清晰，面积较大		

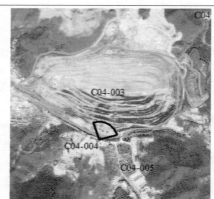

图斑编号	C03-019	调查日期	2016年10月26日
项目类型	露天金属矿	施工阶段	已建成（生产）
影像特征	影像色调：灰黑色，偏亮； 纹理：表面高低起伏，有明显凹凸，道路痕迹清晰； 形状：不规则边缘不清晰，面积较大		

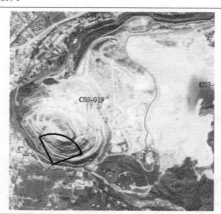

续表

图斑编号	C03 - 030	调查日期	2016 年 10 月 26 日
项目类型	露天非金属矿	施工阶段	施工
影像特征	影像色调：白色； 纹理：纹理清晰明显，有起伏，凹凸不平； 形状：形状不规则，边缘不清晰		

 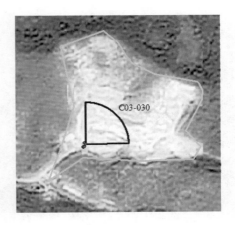

图斑编号	A03 - 003	调查日期	2016 年 10 月 25 日
项目类型	露天非金属矿	施工阶段	已建成（施工）
影像特征	影像色调：灰白色，偏蓝； 纹理：纹理清晰，高低起伏，比较规则； 形状：边缘清晰，能看见厂房及附属设施		

 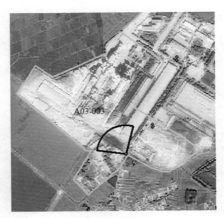

图斑编号	C03 - 022	调查日期	2016 年 10 月 21 日
项目类型	露天非金属矿	施工阶段	已建成（施工）
影像特征	影像色调：灰白色，部分水体呈暗绿色； 纹理：纹理凹凸，有坑洼，不规则； 形状：形状不规则，边缘不清晰		

图斑编号	B04 - 004	调查日期	2016 年 10 月 21 日
项目类型	加工制造类项目	施工阶段	已建成（施工）
影像特征	影像色调：白色，部分水体呈暗绿色； 纹理：不规则，有凹凸感； 形状：不规则，但边缘清晰		

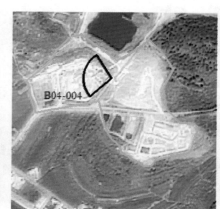

续表

图斑编号	C04-006	调查日期	2016 年 10 月 21 日
项目类型	房地产工程	施工阶段	施工
影像特征	影像色调：建筑呈亮白色，周围呈现灰褐色； 纹理：纹理清晰，建筑部分凸出； 形状：建筑物部分形状规则，边缘清晰		

图斑编号	C02-036	调查日期	2016 年 10 月 20 日
项目类型	房地产工程	施工阶段	施工
影像特征	影像色调：建筑呈亮白色，周围呈现灰褐色； 纹理：纹理清晰，建筑部分凸出； 形状：建筑物部分形状规则，边缘清晰		

续表

图斑编号	C03-020	调查日期	2016 年 10 月 26 日
项目名称	尾矿库扩容工程		
项目类型	尾矿库	施工阶段	已建成（施工）
影像特征	影像色调：白色，部分偏紫色，部分水体呈暗绿色； 纹理：纹理较浅，没有起伏； 形状：边缘相对清晰		

 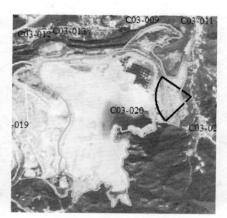

图斑编号	D02-008	调查日期	2016 年 10 月 27 日
项目名称	尾矿库加高扩容工程		
项目类型	尾矿库	施工阶段	施工
影像特征	影像色调：红色，灰色； 纹理：纹理较浅，表面平缓，与周围地物分界明显； 形状：形状规则，边缘清晰，可见坝体痕迹		

续表

图斑编号	B03－008	调查日期	2016 年 10 月 27 日
项目名称	房地产弃土场		
项目类型	弃渣场	施工阶段	施工
影像特征	影像色调：白色，黄色； 纹理：纹理清晰，表面凹凸； 形状：形状不规则，临近道路		

 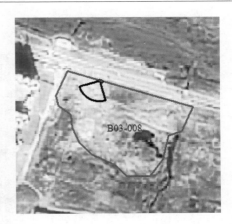

图斑编号	C02－017	调查日期	2016 年 10 月 20 日
项目类型	弃渣场	施工阶段	施工
影像特征	影像色调：灰白色，偏黄； 纹理：纹理清晰，有堆积体形态； 形状：形状不规则，可见运输道路		

2. 扰动图斑解译

主要采用人机交互的方法开展扰动图斑解译工作。

（1）第一步，新建扰动图斑矢量文件，见图 4－14。具体方法可参照防治责任范围矢量文件建立过程。

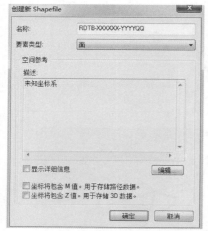

（a）设置坐标系

（b）矢量文件加载

图 4 - 14　新建扰动图斑矢量文件

建立监管区域扰动图斑矢量文件（polygon），以 "RDTB - XXXXXX - YYYYQQ" 形式命名。RDTB 为 "扰动图斑" 拼音首字母；"XXXXXX" 为监管区域行政区划代码（以国家统计局网站公布的最新行政代码为准）；"YYYYQQ" 表示 YYYY 年开展的第 QQ 期扰动图斑解译工作。设置坐标系 CGCS2000。建立属性字段，见表 4 - 5。

表 4 - 5　　　　　　　　　区域监管扰动图斑矢量图属性表结构

序号	字段意义	Shapefile 属性名	序号	字段意义	Shapefile 属性名
1	图斑编号	QDNM	7	复核状态	RST
2	扰动图斑类型	QTYPE	8	项目名称	PRNM
3	扰动面积	QAREA	9	建设单位	DPOZ
4	建设状态	QDCS	10	项目类型	PRTYPE
5	扰动变化类型	QDTYPE	11	备注	NOTE
6	扰动合规性	BYD			

（2）第二步，勾画扰动图斑。

单击 "编辑器"，选择 "开始编辑"，见图 4 - 15（a）。

在工具栏中单击选择 "创建要素"，出现创造要素窗口（内容列表里的扰动图斑应为可见状态，才可编辑），见图 4 - 15（b）。

在 "创建要素" 对话框中，单击 "RDTB - XXXXXX - YYYYQQ"，单击 "构造工具" 中的 "面"，沿着目标地物边界开始勾画扰动图斑，见图 4 - 15（c）。

在完成扰动图斑勾绘后，在图层列表中点击选中扰动图斑文件名，右键选中 "打开属性表"，在属性表中完成属性录入，见图 4 - 15（d）。单击编辑器，选择 "保存编辑内容"，见图 4 - 15（e），再选择 "停止编辑"，完成扰动图斑勾绘和属性录入。

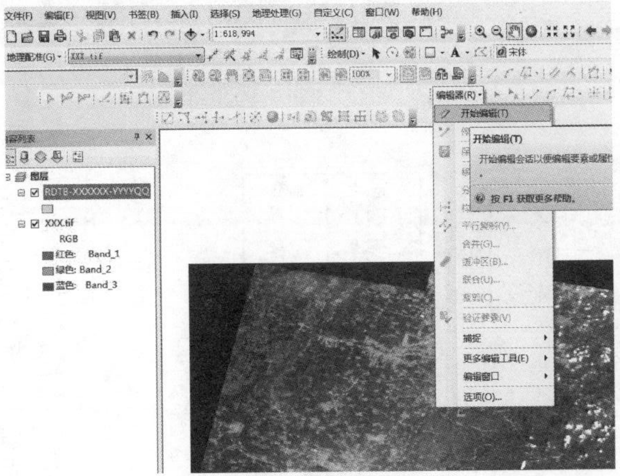

（a）开始编辑

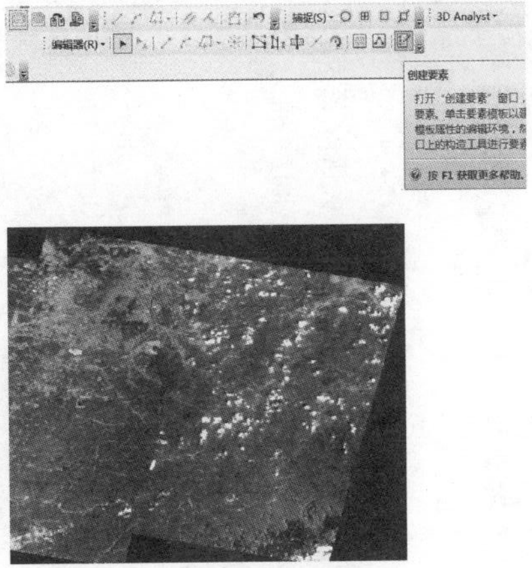

（b）创建要素

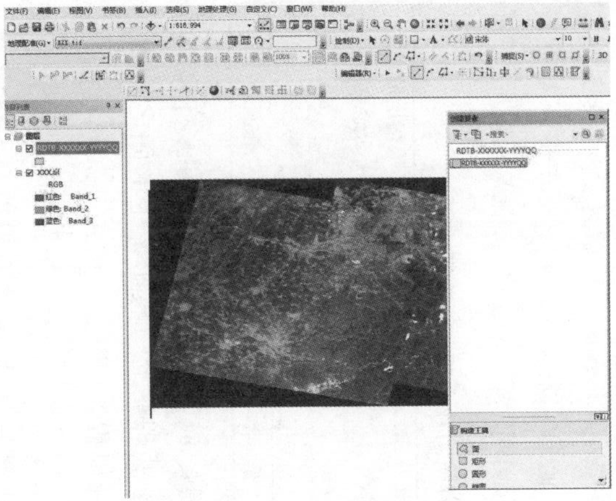

（c）选择构造工具

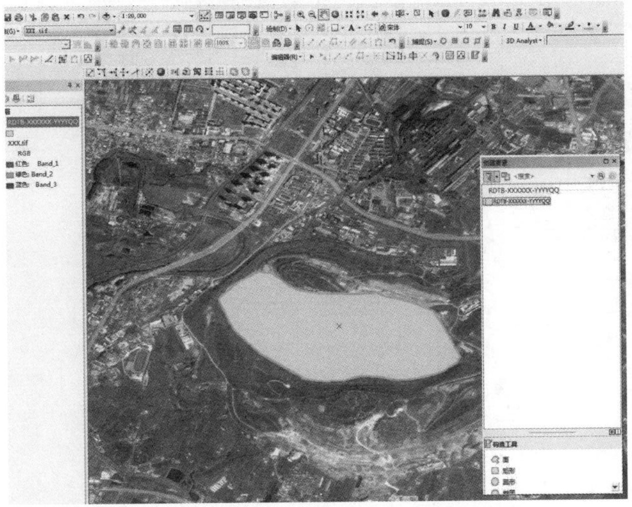

（d）打开属性表

（e）保存编辑

图 4 - 15　扰动图斑勾绘

原则上，最小成图面积不小于 4.0mm² 的扰动地块均可以开展遥感解译，而成图面积不小于 1.0cm² 的扰动地块均必须解译出来，特定目标监管可根据遥感影像分辨率与实际应用需求适当调整。遥感影像空间分辨率与扰动图斑最小面积对应关系参见表 4-6。

表 4-6　　　　　遥感影像空间分辨率与扰动地块面积对应关系

遥感影像空间分辨率 /m	可解译的最小扰动地块面积 /m²	必须解译的最小扰动地块面积 /m²	遥感影像空间分辨率 /m	可解译的最小扰动地块面积 /m²	必须解译的最小扰动地块面积 /m²
≤1.0	100	2500	≤5.0	2500	62500
≤2.5	400	10000	≤10.0	10000	250000

影像上同一扰动地块（包括内部道路、施工营地等）应勾绘在同一图斑内。将弃渣场作为一种扰动形式单独解译。解译扰动图斑边界相对于处理后的遥感影像上的同名地物点位移不应大于 1 个像素［参照《土地利用动态遥感监测规程》（TD/T 1010—2015）］。

4.2.2.3　合规性分析

根据防治责任范围底图和解译图斑叠加分析，初步判定生产建设项目的扰动合规性。在此基础上，对扰动图斑和生产建设项目有关情况进行现场调查复核，并根据现场复核情况完善扰动图斑解译成果。

1. 扰动合规性初步判定

对满足防治责任范围矢量化要求的项目进行合规性初步分析，将监管区域扰动图斑矢量图（用 Y 表示，虚线）与防治责任范围矢量图（用 R 表示，实线）进行空间叠加分析，初步判定生产建设项目扰动合规性，扰动合规性初步分析技术路线见图 4-16。

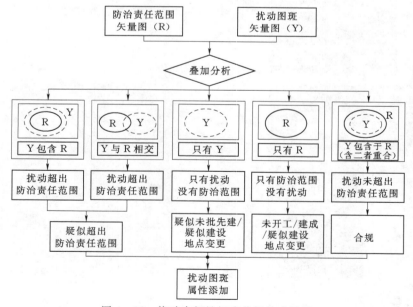

图 4-16　扰动合规性初步分析技术路线

利用 GIS 软件空间叠加分析工具，对监管区域生产建设项目水土流失防治责任范围矢量图与扰动图斑矢量图进行空间叠加分析，扰动合规性初步分析结果包括以下几种情况。

（1）扰动图斑包含防治责任范围或扰动图斑与防治责任范围相交，初步判定为"疑似超出防治责任范围"。

（2）只有扰动图斑可以将扰动合规性初步判定为两种情况：①疑似未批先建；②疑似建设地点变更。

（3）只有防治责任范围的项目可能存在三种情况：①项目未开工；②项目已完工；③疑似建设地点变更。进行合规性初步分析时，判定为"合规"。

（4）扰动图斑包含于防治责任范围，初步判定为"合规"。

2. 扰动合规性分析

（1）只有扰动没有防治责任范围。

1）第一步，添加扰动图斑和防治责任范围矢量数据（参照"4.2.2 遥感调查与复核方法"），进行矢量数据相交分析。

在工具栏中单击"ArcToolbox"，出现"ArcToolbox"工具栏。单击"分析工具"。在下拉菜单中，单击"叠加分析"。双击"相交"，出现"相交"对话框，见图4-17（a）。

（a）打开"相交"对话框

（b）输入要素

（c）完成相交分析

图4-17 防治责任范围和扰动图斑相交分析

在"输入要素"中分别按顺序输入"扰动图斑矢量图"和"防治责任范围矢量图"，见图 4-17（b）。单击"添加"。

单击"确定"，右下角会显示是否成功，生成的矢量"扰动图斑矢量图（Y）_ Intersect"会自动添加在左侧图层列表中，见图 4-17（c）。

2）第二步，给生成的矢量文件"扰动图斑矢量图（Y）_ Intersect"添加字段（可参考"4.2.2　遥感调查与复核方法"）。

在图层列表中，右键点击"扰动图斑矢量图（Y）_ Intersect"，单击"打开属性表"，出现"表"窗口，点击"表选项"，选择"添加字段"，见图 4-18（a）。

"名称"中输入"初步分析"，"类型"为"文本"，单击"确定"，见图 4-18（b）。

单击"编辑器"，选择"开始编辑"，出现"开始编辑"窗口，选择"扰动图斑矢量图（Y）_ Intersect"，单击"确定"，见图 4-18（c）。

将鼠标放在"初步分析"处（鼠标出现黑色向下指的箭头），单击（将初步分析列全选），在"初步分析"中全部输入"相交或包含"，见图 4-18（d）。

右键"初步分析"，选择"字段计算器"，见图 4-18（e）。

出现"字段计算器"窗口，见图 4-18（f）。

输入"双引号"（双引号要用英文输入法），输入"相交或包含"，见图 4-18（g）。

单击"确定"，保存修改，关闭属性表，见图 4-18（h）。

3）第三步空间连接。单击"ArcToolbox"，在"分析工具""叠加分析"中双击"空间连接"。出现"空间连接"对话框，见图 4-19（a）。

"目标要素"选择"扰动图斑"，单击"添加"，见图 4-19（b）。

"连接要素"选择"扰动图斑矢量图（Y）_ Intersect"，点击"添加"，见图 4-19（c）。

单击"确定"，新生成的矢量"扰动图斑矢量图（Y）_ SpatialJoin5"，会自动添加至图层列表，见图 4-19（d）。

4）第四步，在属性表里挑选出"相交或包含"。在图层列表中右键点击"扰动图斑矢量图（Y）_ SpatialJoin5"，打开属性表。单击"表选项"，选择"按属性选择"，见图 4-19（e）。出现"按属性选择"窗口，见图 4-19（f）。双击选择"初步分析"，见图 4-19（g）。选择"="，见图 4-19（h）。单击"获取唯一值"，见图 4-19（i）。双击"相交或包含"，单击"应用"，见图 4-19（j）。完成空间连接，见图 4-19（k）。

5）第五步，把字段"初步分析"为"空"的录入属性"疑似未批先建/疑似地点更改"。单击"切换选择"，见图 4-20（a）。选择"显示所选记录"，见图 4-20（b）。右键"初步分析"，选择"字段计算器"，见图 4-20（c）。输入"双引号"（英文状态），输入"疑似为批先建/疑似地点变更"，关闭属性表，见图 4-20（d）。单击"编辑器"，单击"保存编辑内容"，见图 4-20（e）。

（2）只有防治责任范围没有扰动方法与只有扰动没有防治责任范围一致。

（3）防治责任范围图和扰动图斑矢量图的相交或包含（将属性表里已经录入的"相交或包含"进行具体区分）。

右键点击"扰动图斑矢量图（Y）_ SpatialJoin5"，单击"打开属性表"。单击"初步分析"为"相交或包含"的属性表表头，使该属性行处于全选状态，见图 4-21（a）。

（a）添加字段

（b）添加属性

（c）开始编辑

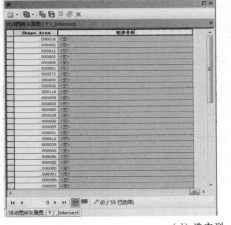

（d）选中列

（e）选择"字段计算器"

（f）打开"字段计算器"对话框

（g）输入"相交或包含"

（h）保存修改

图 4-18 添加属性字段

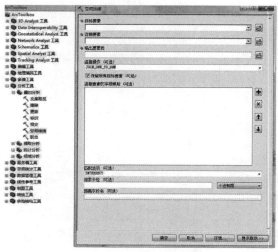

（a）打开"空间连接"对话框

（b）添加扰动图斑

（c）添加"扰动图斑矢量图（Y）_Intersect"

（d）新生成的矢量"扰动图斑矢量图（Y）_SpatialJoin5"

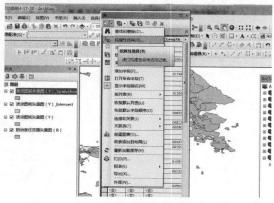

（e）选择"按属性选择"

图 4-19（一）　空间连接

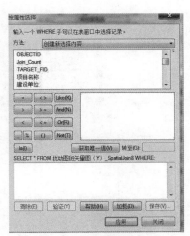

（f）打开"按属性选择"窗口

（g）选择"初步分析"

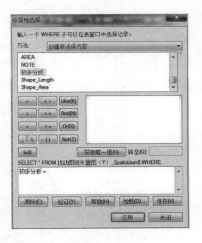

（h）选择"＝"

（i）获取唯一值

（j）双击"相交或包含"

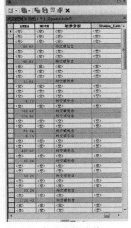

（k）完成空间连接

图 4-19（二）　空间连接

133

（a）切换选择　　　　　　　　（b）选择"显示所选记录"　　　　　　（c）选择"字段计算器"

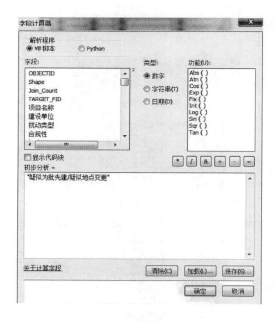

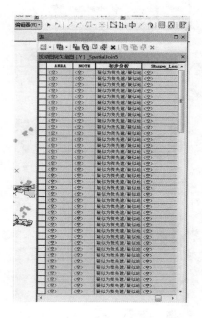

（d）输入"疑似为批先建/疑似地点变更"　　　　　　（e）保存编辑

图4-20　图斑录入属性"疑似未批先建/疑似地点更改"

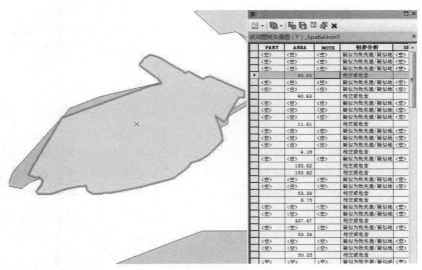

（a）选择属性为"相交或包含"的图斑

（b）删除原属性

（c）录入新属性"凝似超出防治责任范围"

图 4-21 输入"疑似超出防治责任范围"属性

观察在矢量图上的位置，如果是相交，则在属性表里双击对应的"相交或包含"，按"delete"，见图 4-21（b）。输入"疑似超出防治责任范围"，见图 4-21（c）。

按照相同方法，依次选择下一个"初步分析"为"相交或包含"的属性。

如果是扰动图斑包含于防治责任范围，则重新输入"合规"（具体方法同前）。

如果是扰动包含防治责任范围，则重新输入"疑似超出防治责任范围"（具体方法同前）。

4.2.2.4　现场复核

现场复核对象是监管区域内合规性初步分析结果为大于 $1hm^2$ 的"疑似未批先建""疑似超出防治责任范围"和"疑似建设地点变更"的全部扰动图斑。

通过现场复核，对复核对象的有关信息进行现场采集，包括：①扰动图斑所属生产建设项目名称、建设单位、目前是否编报水土保持方案；②是否为其他项目超出批复防治责任范围的扰动部分；③是否为已经批复但建设地点变更的项目；④是否存在设计变更及其变更报备情况；⑤收集相关证明材料；⑥生产建设项目水土保持工作其他相关内容；⑦非生产建设项目扰动图斑应记录实际现场土地利用类型。

现场复核主要采用"水土保持监督管理信息移动采集系统"，具体操作流程为：用户登录→数据同步→现场复核→数据更新。

1. 用户登录

根据分配的用户名和密码，登录系统，见图4-22（a）。登录后，自动进入系统地图页面，见图4-22（b）。

2. 数据同步

切换到主菜单"我的"界面，见图4-23（a）。进入"数据同步"界面，见图4-23（b）。在"数据同步"界面，列出了云端、本地各类数据的条数，以及本地新增、修改和删除的各类数据的条数。首次登录时，本地数据条目为0。点击

 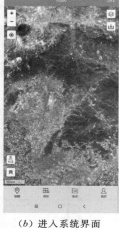

（a）登录账号　　　　（b）进入系统界面

图4-22　用户登录

"同步"按钮后，自动将云端的业务数据同步至手持端本地，见图4-23（c）。

从图4-23（c）中可以看出，本地的数据条数与云端相同，表明业务数据已经同步完成。

3. 现场复核

返回至主菜单的"地图"页面，系统以聚合的方式显示登录用户所在区域的扰动图斑和项目红线，见图4-24（a）。放大或直接点击聚合圈，缩放至合适的视图，即可支撑现场复核工作，见图4-24（b）。

（1）定位。点击图4-24（c）所示的地图界面左上角定位按钮，可定位至当前所在位置。在室内环境，系统利用基站或Wi-Fi定位；在室外环境，系统利用GPS定位，精度相对较高。需要的时候，点击定位按钮更新位置点。不支持位置点自动刷新。

（2）图例与图层控制。点击图4-24（c）所示的地图界面右上角的图层按钮，展开

（a）切换到主菜单　　　（b）进入"数据同步"界面　　　　　（c）开始同步

图 4-23　数据同步

（a）主菜单的"地图"页面　　（b）放大视图　　　（c）定位　　　（d）图例与图层控制

（e）选择图斑或项目　　　（f）图斑编辑　　　（g）关联项目"请选择"选项

图 4-24（一）　现场复核

（h）关联项目"请选择"选项

（i）属性采集

（j）"涉及县（市、区）"选项

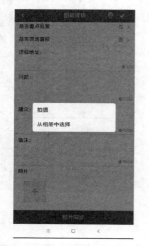

（k）"拍照"或"从相册中选择"菜单

（l）保存照片

图 4 - 24（二）　现场复核

图层面板。图层面板分为两个部分：上部分为底图切换，下部分为业务矢量图层图例与开关控制，见图 4 - 24（d）。

1）在底图部分，提供有 4 种底图可随时切换：①离线监管影像，本地下载存储的监管影像；②在线监管影像，本系统发布的与扰动图斑匹配的监管影像；③地图，类似百度地图的在线地图，位置上有一定偏移；④在线公共影像，由某些公司发布的公开的遥感影像，成像时间不确定。

2）业务矢量图层部分，提供 5 种类型扰动图斑：①未关联至项目、未复核的扰动图斑；②未关联至项目、已复核的扰动图斑；③已关联至项目、未复核的扰动图斑；④已关联至项目、已复核的扰动图斑；⑤已关联至其他单位监管项目的扰动图斑，只有查看权限。其中前 4 种扰动图斑是本级用户可编辑操作的图斑，第 5 种图斑本级用户只有查看权限。

业务矢量图层部分提供的两种类型项目红线：①本单位监管的项目红线，只有查看权限；②本区域其他单位监管的项目红线，只有查看权限。

业务矢量图层部分提供的标注点和照片点：①标注点是用来记录附加信息的点状标注；②照片点是快速拍照后，记录信息的点状标注。

（3）选择图斑或项目。在地图上点击图斑或项目，弹出基本信息和操作链接，见图4-24（e）。

（4）导航。点击图斑或项目弹出框中的导航链接，系统启动百度地图，自动规划当前位置至图斑位置的导航路线。导航操作参考百度地图。此功能需在手持端安装百度地图软件。

（5）扰动图斑复核。

1）关联项目。现场复核的一项重要工作是找到图斑的项目并关联。在系统地图界面中，点击图斑，在弹出框中，点击"编辑"链接，可以进入图斑的编辑界面，见图4-24（f）。

在扰动图斑编辑界面中，第一项是关联项目，执行两步操作：

点击"关联项目"右侧的"请选择"，在下部弹出搜索框，输入现场调查到的项目名称的关键字，如果有匹配的项目名，选择后点击确定，见图4-24（g）；如果没有匹配的项目名，取消后进入第2步。

在搜索不到匹配的项目名情况下，在本地新建一个项目。点击"关联项目"右侧的加号＋，进入新建项目界面，填入项目名称、涉及县（市、区）等相关信息后点击右上角的勾号"√"保存，见图4-24（h）。

2）属性采集。根据实际情况，填写图斑的其他属性，见图4-24（i）。系统根据是否现场复核，动态调整图斑的图例，图例规则见"图例"部分。

在图斑编辑界面，关联项目后，"涉及县（市、区）"为必填项，需要搜索或选择至县级名称，可以多选，见图4-24（j）。

3）拍照与截屏。采集完图斑信息后，现场对图斑现状进行拍照并保存。在"图斑详情"界面最下侧，是照片部分（需上划才显示完全），点击"照片"属性的加号按钮，弹出"拍摄"或"从相册中选择"菜单，见图4-24（k）。

选择"拍摄"，启动系统相机，拍照，确定后保存在"照片"属性中，见图4-24（l），可以点击查看，也可以删除。

当安装了open camera后，第一次拍摄时，系统一般会弹出拍照App选择界面，请选择open camera，并记住该选择。有的系统不会弹出选择，需要在系统设置中，将默认拍照App设置为open camera。

选择"从相册中选择"，可以选中本地相册中已拍摄的照片，添加至图斑照片中。

完成全部采集工作后，务必点击图斑详情右上角的勾号"√"，填写的信息和拍摄的照片才会保存。

4）照片备份。照片数据存储在手持端以下目录：

Android→data→com. stbc. qyjg→files→××办事员

工作过程中，可将该目录下照片拷贝至电脑备份。

4. 数据更新

完成采集工作后，执行"数据同步"和"附件同步"，可将采集的信息和拍摄的照片，更新到服务器端。

（1）数据同步。与第一次同步相同，进入"我的"菜单中的"数据同步"，可以看到本地变化的数据条目，见图 4-25（a）。点击同步按钮，系统执行同步，同步完成后，云端和本地的数据条目再次一致。

（2）附件同步。此功能用于同步照片等附件。进入"我的"菜单下点击"附件同步"，可以看到各类图片的条目数量，见图 4-25（b）。系统提供两种同步模式：①"仅同步本地修改"模式，只将本地新增的图片同步到服务器，为系统默认模式；②"同步全部"模式，除将本地新增的图片同步到服务器外，还将服务器上本用户区域内的所有图片，下载

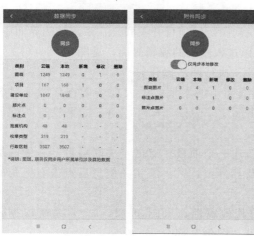

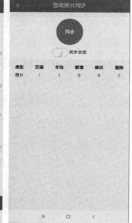

（a）点击同步　　　　　　（b）附件同步　　　　　　　　　（c）图斑照片同步

（d）影像下载　　　　（e）离线地图管理　　　　　　　（f）创建标注点

图 4-25（一）　成果数据同步

（g）图斑定位　　　　　　（h）图斑查询　　　　　　（i）展示项目列表

（j）项目详情　　　　　　（k）项目查询　　　　　　（l）截图和涂鸦

图 4-25（二）　成果数据同步

到本地对应的图斑中。注意："同步全部"模式下需要下载的照片数量巨大，一般情况下，不建议使用此模式。

当需要查看个别图斑已有的照片时，可以在图斑属性详情中，使用单个图斑附件的同步功能，此时可将该图斑已有的照片，下载到本地查看，见图 4-25（c）。

5．其他功能

（1）影像下载。需要时，可以将监管影像下载到本地，以供离线时使用。点击地图界面右上角的影像下载按钮，弹出"影像下载"确认框，点击"确定"后，即开始下载，见图 4-25（d）。下载数据为当前视图范围内的各级影像切片。

（注意：影像数据下载过程缓慢，建议只下载必要范围的影像。当下载进度缓慢时，可以切换至其他界面继续开展工作，也可以暂停下载。）

进入"我的"菜单下的"离线地图"界面，可以对影像下载进行管理，见图 4-25（e）。

（2）标注点。点击地图界面图 4-25（d）左下角的"标注"按钮，然后在图上需要的位置点击，即可在对应位置创建一个标注点，见图 4-25（f）。

（3）图斑列表。图斑主菜单中，给出了图斑列表，见图 4-25（g）。按调查与否进行分类，点击图斑项，可以进入图斑详情界面，对图斑信息进行采集；也可以在图斑详情界面左下侧，点击地图按钮，进入地图界面，并定位到该图斑。

此外，图斑列表上提供查询功能，点击图 4-25（g）所示的图斑列表右上角的查询按钮，即可进入查询界面，根据特点条件，筛选出特定的图斑，见图 4-25（h）。

（4）项目列表。项目主菜单中，展示项目列表，见图 4-25（i）。

点击某列表项，可以进入项目详情界面，对项目信息进行修改完善，见图 4-25（j）。注意，在地图界面，点选项目红线，也可进入项目详情界面。点击地图按钮，进入地图界面，并定位到该项目。

列表上提供查询功能，点击图 4-25（i）项目列表右上角的查询按钮，即可进入查询界面，根据特点条件，筛选出特定的项目，见图 4-25（k）。

（5）截图和涂鸦。截图和标注点的组合应用，可以记录现场附加信息。如：同一个扰动图斑，现场发现属于多个项目，可以通过截图后涂鸦绘制分割线，然后标注必要信息的方式来记录，见图 4-25（l）。截图和涂鸦利用手持端系统自身的功能实现，保存图片后，在图斑或标注点的照片附件中，添加该图片。同步回服务端后，内业人员可以根据这些信息，来修正图斑。

4.2.2.5　成果修正

根据现场复核成果，对遥感解译的扰动图斑及上图后的防治责任范围图矢量数据的空间特征和属性信息进行修正和完善，包括：①删除误判为生产建设项目扰动图斑的其他图斑；②将属于同一个生产建设项目的多个空间相邻的扰动图斑合并，弃渣场图斑单独存放；③将属于两个及以上不同生产建设项目的单个扰动图斑，按照各个生产建设项目边界分割成多个扰动图斑；④根据现场复核成果，补充完善扰动图斑矢量图和生产建设项目防治责任范围矢量图的相关属性信息。

（1）扰动图斑分割、合并和删除应按如下步骤操作。

1）第一步，分割图斑。在工具栏中单击"编辑工具"，点击需要分割的图斑，使图斑处于编辑状态，见图 4-26（a）。点击"裁剪面工具"，画出需要裁剪的部分，完成对图斑的分割，见图 4-26（b）和（c）。

2）第二步，扰动图斑合并。按"Ctrl"键，单击选中需要合并的图斑，单击"编辑器"，见图 4-27（a）。在下拉菜单中选择"合并"，出现"合并"窗口，单击"确定"，完成图斑的合并，见图 4-27（b）和（c）。

3）第三步，扰动图斑删除。在工具栏中单击"编辑工具"，单击选中要删除的图斑，右键鼠标选择"删除"，见图 4-28（或者直接按 Delete 键）。

4）第四步，保存图斑。单击"编辑器"，在下拉菜单中选择"保存编辑内容"，选择

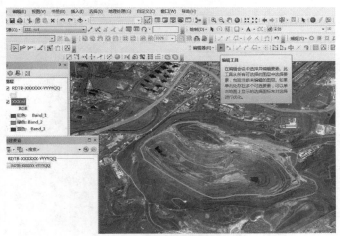

（*a*）单击"编辑工具"

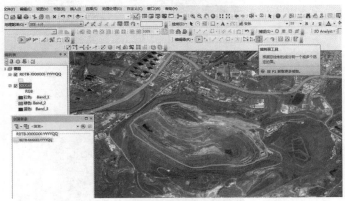

（*b*）单击"裁剪面工具"

（*c*）画出裁剪部分

图 4-26　分割图斑

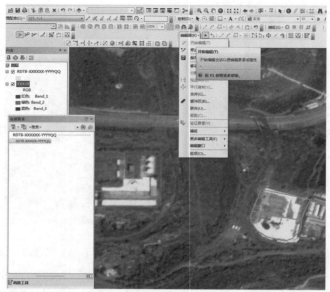

（a）选中合并图斑

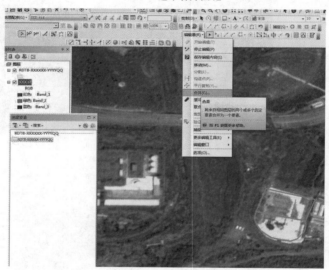

（b）选择合并

（c）单击确定

图 4 - 27　扰动图斑合并

图 4 - 28 扰动图斑删除

"停止编辑",退出编辑界面。

经现场复核后,对调查结果进行修正,将属于不同生产建设项目的扰动图斑,按照各个生产建设项目边界分割成多个不同的扰动图斑。有 7 个扰动图斑需要进行分割,见表 4 - 7。

基于区域 2015 年扰动图斑解译成果和 2016 年遥感影像,进行 2016 年度扰动图斑动态更新,解译 2016 年有变化的扰动图斑。变化的类型有图斑扩大、图斑缩小、图斑新增、图斑删除等 4 种基本情况。对于图斑扩大和图斑缩小,在原图斑上根据遥感影像调整边界,并修改相应的属性信息;对于新的扰动,勾绘图斑并填写属性;对于已不存在的已建成图斑,直接删除。

表 4 - 7   生产建设项目扰动图斑分割情况表

序号	拆 分 前		拆 分 后	
	图斑号	截图	截图	图斑号
1	A02 - 007			A02 - 007 A02 - 012 A02 - 013
2	A02 - 010			A02 - 010 A02 - 014
3	A03 - 004			A03 - 004 A03 - 007

续表

序号	拆分前		拆分后	
	图斑号	截图	截图	图斑号
4	B04-002	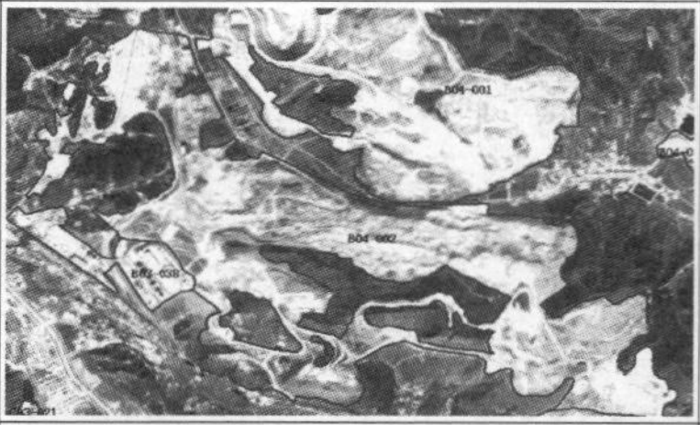	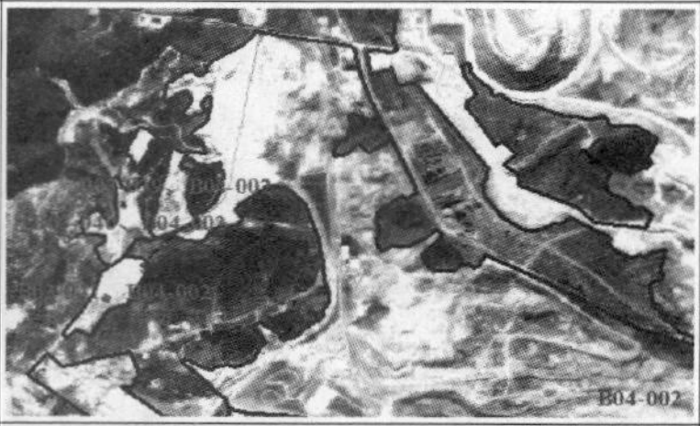	B03-039 B03-040 B03-041 B04-002
5	C02-024			C02-024 C02-044
6	C02-025			C02-025 C02-045 C02-046
7	C03-022			C03-022 C03-037

已建成图斑现场复核情况举例见表4-8。

表4-8　　　　　　　　　　已建成图斑现场复核情况

图斑编号	现 场 照 片
B02-001	

续表

图斑编号	现　场　照　片	
B02-008		
B03-018		
B03-020		
B04-005		

续表

图斑编号	现 场 照 片
B03-031	
C02-022	
C03-031	

（2）扩大和缩小图斑。单击"编辑工具"，选择需要修改的图斑，使图斑处于编辑状态，见图4-29（a）。在工具栏中，单击"编辑折点"，见图4-29（b）。按住需要编辑的点，在正确的位置单击，进行图斑的扩大或者缩小操作。编辑完成后，在"编辑器"中单击"保存编辑内容"，完成成果保存，见图4-29（c）。

4.2.3　利用无人机获取正射影像方法

基于无人机拍摄照片生成的正射影像在区域监管中主要对卫星遥感数据进行补充完善，在监管区域面积不大或经费充足等条件允许情况下，也可以完全利用无人机数据进行替代。在具体无人机飞行任务实施中，工作流程主要分为前期准备、数据获取和数据处理3个阶段。

（a）开始编辑

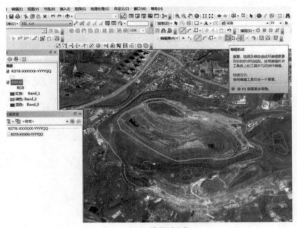

（b）编辑折点

（c）保存编辑

图 4-29 扩大和缩小图斑

4.2.3.1　前期准备

1. 资料收集和飞行区域确认

完成工作区域资料收集，确保资料完备，主要掌握飞行期内区域天气情况，结合遥感影像等数据熟悉区域地形地势、土地利用等情况，并确认工作区域是否允许飞行。

（1）飞行环境。

1）天气因素影响（禁止飞行）。大风（风速 5 级及以上）、降雪、降雨、雷暴、沙尘及雾、霾等造成能见度低于 50m 的天气状况下，禁止使用无人机。其中风速不易界定，无人机操作人员可通过手持风速仪读数获取。

特别注意的是，一般海拔高的区域风力较大，所以不能完全依靠地表面上的风力来推测航行高度的风力，可根据云层移动的速度或高大树木晃动的速度来推测航行高度的风力。

2）环境因素影响（谨慎飞行）。

城市飞行：大量使用钢筋的建筑物会影响指南针工作，而且会遮挡 GPS 信号及遥控信号，导致飞行器定位效果变差，甚至无法定位。

人口密集区飞行：请保持多旋翼无人机在视线内控制，远离障碍物、人群、水面等。

信号干扰区飞行：无人机遥测作业中，需与高压线、通信基站或电视广播信号发射塔等保持一定距离，以免遥控器受到信号干扰。若干扰源过大，无人机将无法正常飞行。

3）作业区温度影响（提前准备）。作业区域大气温度过高或过低主要对电池性能有所影响。

无人机电池允许作业温度区间为：$-10 \sim 40\text{℃}$。

气温过低会导致电池电量迅速降低，气温过高会导致电池膨胀燃烧，两种情况均影响飞行安全。

冬季使用电池，要提前预热至 10℃ 以上方可使用。

4）无人机性能影响。

最高升限：无人机最大起飞海拔高度为 4500m。高海拔地区由于环境因素影响飞行器电池及动力系统，导致无人机升力不足，飞行性能下降，请谨慎飞行。

极地区域：在南北极圈内无人机指南针与 GPS 失效，仅可使用 ATTI（姿态模式）飞行。

（2）禁飞范围。根据国际民航组织和各国空管对空域管制的规定以及对无人机的管理规定，无人机必须在规定的空域内飞行。

1）禁止跨越电子围栏开展无人机作业。松辽流域多旋翼无人机集成的 DJI GO/DJI GO 4 地面操作 App 均集成电子围栏功能，多旋翼无人机无法跨越电子围栏飞行。该功能必须保证开启状态。

2）多旋翼无人机限高。多旋翼无人机系统默认最高飞行高度为 120m，在无人机遥测作业时可根据实际情况将最高飞行高度调至 500m，此时，操作界面如图 4-30 所示。

飞行高度 120m，电子围栏以内为隔离空域，120m 以上可能为隔离空域。无人机操作人员需根据现场实际情况开展遥测作业。具体情况参考禁飞区查询方法。

3）无人机最大飞行半径。多旋翼无人机最大飞行半径应尽量设置在 1500m 以内。

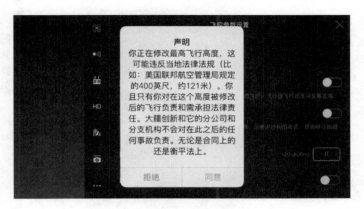

图 4-30 飞行限高提示

eBee 固定翼无人机最大飞行半径应尽量在 2500m 以内。无人机在飞行半径内作业，与遥控器或地面站电台之间如有高楼、山体等阻挡，会导致信号传输卡顿或丢失，从而造成飞行事故。不同类型的无人机飞行半径不一样，具体可根据无人机性能等情况设置最大飞行半径。

4）多旋翼无人机禁飞区提示。App 集成禁飞区电子围栏功能见表 4-9，当多旋翼无人机处于电子围栏内，或飞行器靠近电子围栏时，图传界面将如图 4-31 所示。

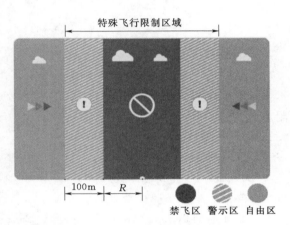

图 4-31 禁飞区提示图传界面

表 4-9 App 集成禁飞区电子围栏功能

区域	飞行器状态	App 提示
禁飞区内启动	设备无法启动	您的飞机处于禁飞区域内，不能起飞
限高区	飞行器无法升高	您的飞机处于限高区域边界下方，最大飞行高度为＿＿m，请小心飞行
警示区	飞行器可正常飞行，并发出警示信息	您的飞机正接近限飞区域，请小心飞行
自由区	飞行器可正常飞行，无飞行限制	无提示

5）无人机禁飞区查询。eBee 无人机控制软件 eMotion 未集成的电子围栏功能，因此，在应用 eBee 无人机作业过程中，需先对作业区域的限飞情况进行查询。无禁飞提示的多旋翼和固定翼无人机都可进行查询。

查询优云（U-CLOUD）。优云系统是中国航空器拥有者及驾驶员协会无人机管理办公室与相关部门与企业合作，研发的低空空域民用无人机飞行管理动态大数据云系统，其 App 内部标注的禁飞区域为官方数据，见图 4-32。

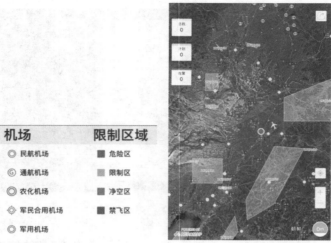

机场		限制区域	
◎	民航机场	■	危险区
Ⓖ	通航机场	▦	限制区
◎	农化机场	■	净空区
◈	军民合用机场	■	禁飞区
◎	军用机场		

图 4-32 禁飞区查询

2. 制定飞行计划

对于利用飞控软件规划航迹的固定翼无人机，还需提前下载工作区域遥感影像，制定飞行方案，提前预设飞行高度、重叠度等关键指标，以保证成果精度和分辨率。飞行计划制定详见图 4-33。

4.2.3.2 数据获取

1. 无人机遥测设备选择

无人机作业前，根据地物面积，需对无人机设备进行选型，选型标准需依据无人机飞行性能参数，主要参照设备有效运行时间、飞行方式以及抗风能力等因素。

（1）遥测面积在 $0.25km^2$ 以下，选择多旋翼无人机。多旋翼无人机有效运行时间为 $10\sim20min$，前期飞行前准备约 $2min$，单架次手动操作最大可完成 $0.25km^2$ 以下的对地遥测任务。

如采用固定翼无人机作业，前期准备时间 $20min$、数据导出时间约 $10min$，降低了外业和内业工作效率。

（2）遥测面积在 $1km^2$ 以下，选择多旋翼无人机或固定翼无人机。多旋翼无人机可通过 $3\sim4$ 个架次完成被遥测面积在 $1km^2$ 左右的作业任务，相邻架次间需拼接遥测，外业工作时间为 $45\sim60min$。

固定翼无人机完成 $1km^2$ 遥测任务，前期准备时间约 $20min$，遥测作业时间在 $30min$ 以内。

多旋翼无人机遥测过程采用手动操作，相比固定翼无人机的全自动作业，外业工作强度较大。而固定翼无人机对起降地形要求较高，飞行前准备及作业完成后的设备收纳时间较长。因此，外业工作人员在对 $1km^2$ 面积范围遥测过程中，可根据自身携带设备类型或个人对设备的熟悉程度，自行选择遥测设备。

（3）遥测面积在 $1km^2$ 以上，选择固定翼无人机。固定翼无人机单次遥测成图面积大于 $1km^2$，航迹规划自动生成，多架次拼接可视化强、准确度高，对于大面积遥测作业应选择固定翼无人机。

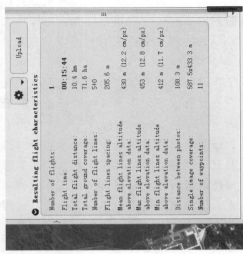

（b）起降点设置

（d）飞行计划显示

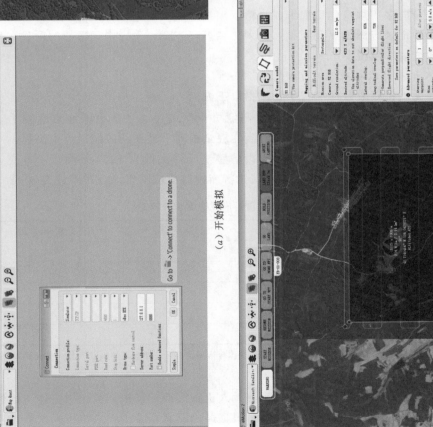

（a）开始模拟

（c）工作区域设置

图4-33 飞行计划制定

2. 人员配置

无人机现场飞行需由至少 1 名无人机专业操作技术人员组成，在应用无人机设备过程中应严格遵照国家有关规定执行，无人机操作人员应参加过无人机操作技术培训，并成功获取了国家承认的相关资质证明。

3. 设备制度

（1）工作设备按照设备仪器管理制度有关规定执行。

（2）设备要有设备使用卡片，对设备运转及技术参数做详细记载，并规定详细的操作规程。

（3）设备有故障或过期未校定校准，不得投入工作。

（4）对进口设备，经培训操作人员确实掌握技术，方可操作使用。

（5）保持设备运行完好率，符合工作的要求。

（6）无人机遥测设备应按照有关规定，完成实名制注册。

4. 原始记录填写制度

（1）原始记录是指包括现场飞行时填写的最初记录，它是反映现场工作的第一手资料，应该严肃认真对待。

（2）原始记录应采用规定的格式纸或表格，用钢笔或圆珠笔填写一份。

（3）填写原始记录应做到字迹工整，所列栏目填写齐全，飞行中无数据的项目在相应的空栏目内打横线或加以说明。

5. 现场无人机照片数据获取技术要求

利用多旋翼无人机获取数据流程主要包括以下方面。

（1）飞行高度设定。多旋翼无人机飞行高度可根据被遥测主体周围地形地貌手动控制，为了保障飞行安全，无人机遥测的巡航高度应全程高于被遥测区域最高点高程。

（2）不同飞行高度的分辨率。图像采集设备感光元件最低为 1200 万像素，本次工作任务设定多旋翼无人机飞行高度为 100m，其飞行高度对应成图影像分辨率见表 4 - 10。

表 4 - 10　　　　　　　　　　多旋翼无人机飞行高度对应成图影像分辨率

飞行高度/m	成图影像分辨率/cm	飞行高度/m	成图影像分辨率/cm
100	2.3	350	9.4
150	3.8	400	10.8
200	5.2	450	11.7
250	6.6	500	13.7
300	8.0		

注　飞行高度一定时，相机感光元件像素越高，遥测成图影像分辨率越高，与感光元件尺寸无关；多旋翼无人机设计最大爬升高度为 500m。

（3）多旋翼无人机飞行航向选择。多旋翼无人机遥测前，需根据被拍摄主体占地形状及走向手动控制其飞行航向。航向判断原则：根据遥测形状，减少无人机折返次数；飞行过程中保持高度一致；对于不规则地貌，可分架次拼接遥测。

对于长方形地貌的无人机遥测，其飞行航向应与被拍摄主体长边保持平行，减少错误图例中所造成的无人机往返飞行次数过多，见图4-34。

图4-34 长方形地貌航向选择

近正方形地貌在遥测过程中，无人机飞行航向可按照任意边平行进入飞行，见图4-35。

图4-35 正方形地貌航向选择

对于不规则地貌，无人机操作人员可根据实际情况选择多架次完成作业任务，见图4-36。

（4）多旋翼无人机重叠率设置。多旋翼无人机需要手动控制快门拍照，具体重叠度、航高等要求参见"3.2.2 现场数据采集"。

固定翼无人机在飞行前需利用飞控软件进行航迹规划，航迹规划的重点为任务区域选取、分辨率和重叠度以及起降点设定等。

6. eBee无人机现场数据获取实例

以 eBee 无人机为例，飞控软件为 eMotion，eMotion 软件集成了无人机航迹规划和飞行控制两大功能，包括航行参数设置、相机选项设置、任务规划参数设置、飞机起降参数设置及数据导

图4-36 不规则地貌航向选择

出，共 5 项内容。目前 eBee 固定翼无人机采用的 eMotion 版本编号为 2.4.13，见图 4 -
37 （a）。eMotion 共分 3 个操作模式供用户选择，见图 4 - 37 （b）。

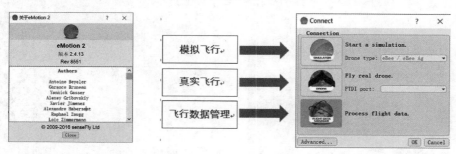

（a）eMotion 2.4.13　　　　　　　　（b）eMotion 操作模式

（c）eMotion 微软地图选择

（d）作业半径确定　　　　　　（e）相控选项　　　　　　（f）任务规划选项卡

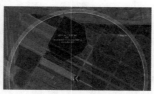

（g）矩形任务区勾绘　　　　　（h）多边形任务区勾绘　　　　　（i）任务规划上传

图 4 - 37 （一）　eBee 无人机数据获取

（j）起飞盘旋区设置

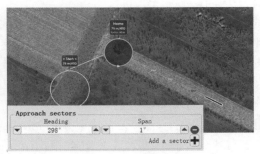

（k）返航扇形区设置

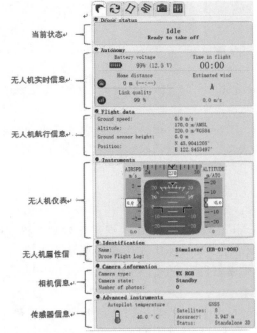

（l）航行监控选项卡

当前状态

无人机实时信息

无人机航行信息

无人机仪表

无人机属性信

相机信息

传感器信息

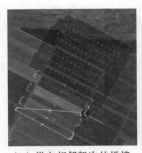

（m）纵向相邻架次的拼接

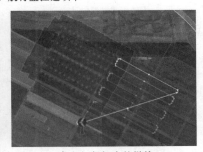

（n）旁向相邻架次的拼接

图 4-37（二）　eBee 无人机数据获取

第一种操作模式为模拟飞行。前期任务规划，模拟任务，无需连接 eBee 无人机。

第二种操作模式为真实飞行。FTDI port 对话框显示 eBee 无人机序列号，需正确选择，否则无法连接 eBee 无人机。

第三种操作模式为飞行数据管理。遥测任务完成后，用于将各拍摄点 GPS 信息导入照片属性。

在飞行前打开 eMotion 软件，选择真实飞行（Fly real drone）选项。选择卫星影像作为基础底图。推荐选择微软地图（Microsoft Satellite），见图 4-37（c）。

（1）航行参数选项卡。

1）作业区域半径。eBee 无人机官方安全作业半径为 2000m，实测后，在空旷无信号遮挡情况下可达到 3000m 半径，见图 4-37（d）。

2）作业范围巡航高度。eBee 无人机巡航高度，不应低于遥测分辨率设置后自动生成的飞行巡航高度，否则在达到最高设置高度后无法开展遥测作业，系统会报警提示更改巡航高度值。飞行高度一般设置为 800m。

3）安全步骤（Security actions）。如图 4-37（d）所示，对各选项 "√" 点选。

（2）相机选项卡。

1）相机型号（Camera model）。eBee 无人机无线连接 eMotion 后，相机型号自动识别，无需点选。

2）相控选项（Camera control）。eBee 无人机在飞行前，需要用户对相机功能进行测试，先点击 "Camear on/off" 打开相机，再点击 "Take photo"，测试相机拍照工作是否正常。

3）其他选项均按图 4-37（e）所示点选。

（3）任务规划选项卡。其操作界面见图 4-37（f）。

1）地面分辨率（Ground Resolution）。根据任务需要设置成图正射影像地面分辨率。当设置成图分辨率为 10cm 时，"Desired altitude" 表示无人机相对飞行高度。

2）重叠率。航向重叠率最低设置为 53%（Lateral overlap）；旁向重叠率最低设置为 8%（Longitudinal overlap）。

3）最长飞行时间（Max flight time）。实测，根据电池使用寿命，建议最长飞行时间设置不高于 35min，并在作业过程中实时对电池电量进行监控，必要时返航操作。

4）任务区勾绘（Mission area）。对于矩形任务区（Rectangular），用户可通过拖拽灰色任务区四角的正方形滑块调整任务区大小，见图 4-37（g）。外侧圆形滑块可对任务区进行旋转。对于多边形任务区（Polygonal），用户可在原有矩形任务区基础上添加任务区折点，并拖拽正方形滑块重新规划任务区域，见图 4-37（h）。重新规划后，eBee 无人机飞行航线会随之增加或减少。

5）飞行特性列表（Resulting flight characteristics）。用于显示航迹规划后的飞行基本信息。主要查看飞行时间（Flight time）是否在上方最长飞行时间范围内，如果飞行时间超过设置范围，飞行次数（Number of flights）将大于 1，需对航迹规划覆盖面积缩减。

6）任务规划上传（Upload）。飞行区域及参数设置完成后，确认无误后需将任务上传至 eBee 无人机，见图 4-37（i）。该进度条读完后，会自动关闭。

（4）起降设置选项。

1）起飞盘旋区设置。需根据地表建筑物及微软影像上的实地情况，对 eBee 起飞爬升区域的位置和半径大小进行设置，该区域尽量靠近任务区域，且航线内不可有较高的突出地貌，见图 4 - 37 （j）。

2）降落点选择。根据实地情况选择合适的降落点，由于无人机 GPS 存在一定误差，降落点面积尽量大于 20m×20m 区域。

3）返航扇形区设置（Approach sectors），见图 4 - 37 （k）。

A. 降落方式（Landing type）选择直线降落（Linear landing）。

B. 通过鼠标调整返航扇形区方向，返航航线内 100m 范围不应有超过 75m 高的建筑。

C. 为保证精准降落，设置区域跨度为 1°。

（5）航行监控选项卡，见图 4 - 37 （l）。

（6）多架次拼接。当被遥测区域面积过大，单架次无法覆盖整个区域时，需分多架次完成作业任务。上一架次完成后，eMotion 软件会保留 eBee 无人机在航线中拍摄照片的点位及照片覆盖区域，以方便下一架次航迹规划。为保证两架次间的重叠率，需遵循以下基本原则。

1）对于纵向相邻架次的拼接，两个架次之间的相邻航线间隔，应与各航线间隔相同，见图 4 - 37 （m）。

2）对于旁向相邻架次的拼接，两架次之间，折返线可相互重叠或间隔一张照片距离，见图 4 - 37 （n）。

（7）数据导出。

1）照片导出连接 eBee。将相机 SD 卡内全部照片导出至统一文件夹，文件夹命名不得有中文字样。使用 USB 线连接 eBee。

2）打开 eMotion。点击 eMotion 文件窗口①，点击数据飞行管理器②（Flight data manager），见图 4 - 38 （a）。

3）选择导出架次数据，见图 4 - 38 （b）。

A. 选择任务完成日期③。

B. 选择飞行架次④（Flight）。

C. 创建任务名称⑤（Project name）。

D. 创建数据导出文件夹⑥（Create in）。

E. 点击进入下一步⑦（Next）。

4）选择飞行数据，见图 4 - 38 （c）。

A. 在 Logs 对话框内选择对应架次的 .bbx 文件⑧，eMotion 右侧出现对应架次航线图。

B. 点击下一步⑨（Next）。

5）导入照片，见图 4 - 38 （d）。选择无人机遥测照片文件夹⑩（Select folder）。点击下一步（Next）继续。

6）完成影像匹配，见图 4 - 38 （e）。对应架次照片导入后，可查看影像匹配摘要⑪（Image matching sumary），点击下一步（Next）完成飞行数据信息导入。

7）影像属性查看，见图 4 - 38 （f）。打开生成文件夹，右键点击照片属性信息，核查经纬度导入情况⑫。

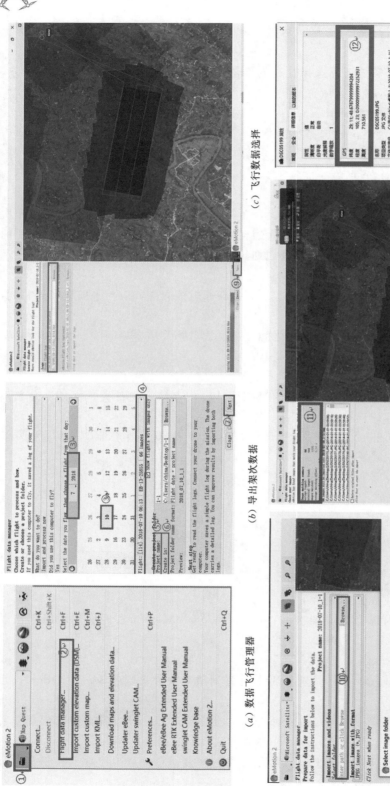

图 4 - 38　eBee 无人机数据导出

4.2.3.3 数据处理

对于 eBee 无人机各架次数据可导入同一文件夹处理，也可分批处理。利用 Pix4Dmapper 软件对无人机拍摄的照片进行处理生成正射影像，其技术路线见图 4-39。

（1）影像拼接融合。首先，进行几何纠正，主要是针对数码相机镜头非线性畸变的纠正和针对成像时由于飞行器姿态变化引起的图像旋转和投影变形的纠正，见图 4-40。其次，进行基于图像特征的自动配准，是指对图像间的匹配信息进行提取，在提取出的信息中寻找最佳的匹配，完成图像间的对齐。采用基于特征的方法利用图像的内部特征进行配准，其基本步骤包括特征提取、特征匹配和运动模型参数求解。用于匹配的特征主要有灰度特征、边缘特征和点特征，其中点特征匹配在图像拼接领域取得了很大成功，使全自动图像拼接成为现实，目前使用最广。最后进行图像融合，是指在配准以后对图像进行缝合并平滑边界，让图像过渡自然。几何纠正、图形配准融合后可获得区域融合影像。

（2）空中三角测量。利用测区多幅影像连接点的影像坐标和少量的已知影像坐标及其物方空间坐标的地面

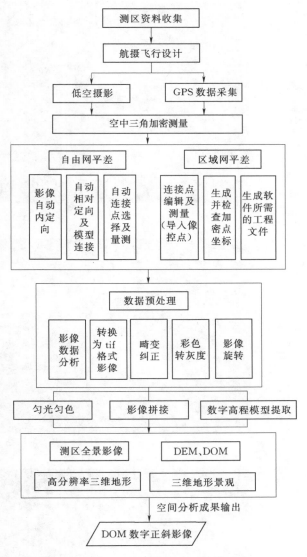

图 4-39 无人机数据处理技术路线

控制点，通过平差计算，求解连接点的物方空间坐标与影像的外方位元素。相对定向主要是通过软件自动匹配技术提取相邻两张像片同名定向点的影像坐标，并输出各原始影像的像点坐标文件。利用野外实测 GPS 像控点成果，对影像进行绝对定向，生成输出平差后的定向点三维坐标。利用上述平差后的定向点三维坐标文件构建不规则三角网，设置格网间距，通过高程点内插，生成 DSM。

（3）点云加密。采用上述步骤获得的空间三维点云是稀疏的，还需对三维点云进行稠密化。通过准稠密化扩散算法，可以在一定精度内获得稠密的三维点云结果，见图 4-41。

（4）数字表面模型和正射影像生成。通过以上步骤内部运算及初始化处理，基于加密后的点云集合，成果数据最终生成正射影像，见图 4-42。

图 4-40 无人机遥测影像纠正

图 4-41 无人机遥测点云数据

图 4-42 无人机遥测正射影像叠加卫星影像

4.2.4 主要成果

2016 年松辽流域区域监管示范区共有 153 个扰动图斑，其中露天金属矿 14 个，露天非金属矿 39 个，加工制造类项目 42 个，房地产工程 15 个，其他行业项目 16 个，社会事业类项目 5 个，堤防工程 1 个，其他 21 个，见表 4-11。

表 4-11   生产建设项目汇总表

序号	项目类型	2015 年			2016 年		
		扰动图斑数量	面积/hm²	比例/%	扰动图斑数量	面积/hm²	比例/%
1	露天金属矿	14	3959.52	62.67	14	3997.79	63.23
2	露天非金属矿	39	1247.52	19.75	39	1247.52	19.73
3	加工制造类项目	42	476.2	7.54	42	476.2	7.53
4	房地产工程	18	137.01	2.17	15	124.24	1.97
5	其他行业项目	18	154.91	2.45	16	116.04	1.84
6	社会事业类项目	5	53.11	0.84	5	62.77	0.99
7	信息产业类项目	1	11.77	0.19	0	0	0
8	堤防工程	1	92.06	1.46	1	104.75	1.66
9	其他	22	185.87	2.94	21	193.1	3.05
	合计	160	6317.97	100.00	153	6322.41	100.00
面积变化情况		2016 年较 2015 年增加 4.44hm²					

2016 年扰动图斑相比 2015 年的 160 个扰动图斑略有减少，但扰动面积有所增加，为 6322.41hm²，较 2015 年增加了 4.44hm²。

本区生产建设项目造成的扰动主要集中在采矿业的发展，所占比例达到了 82.96%。尤其是露天金属矿的开采，面积达到了 3997.79hm²，占扰动总面积的 63.23%，占矿区面积的 76.22%。

未批先建的扰动图斑共计 138 个，不同类型项目所占图斑数量、面积、比例见表 4-12。

表 4-12   2016 年未批先建项目分析

序号	项目类型	扰动图斑数量	面积/hm²	比例/%
1	露天金属矿	2	56.31	2.46
2	露天非金属矿	37	1206.99	52.64
3	加工制造类项目	41	428.61	18.69
4	房地产工程	15	124.24	5.42
5	其他行业项目	16	116.04	5.06
6	社会事业类项目	5	62.77	2.74
7	堤防工程	1	104.75	4.57
8	其他	21	193.1	8.42
	合计	138	2292.81	100.00

2015—2016 年图斑变化情况统计见表 4-13。

表 4-13　　　　　　　　　　2015—2016 年图斑变化情况统计

序号	变化类型	图斑数量	图斑编号	2015 图斑		2016 图斑	
				面积/hm²	截图	面积/hm²	截图
1	图斑扩大	6	A03-005	6.61		8.04	
			B03-033	92.06		104.75	
			B04-001	742.98		751.79	
			C02-042	24.23		33.89	

序号	变化类型	图斑数量	图斑编号	2015 图斑		2016 图斑	
				面积/hm²	截图	面积/hm²	截图
1	图斑扩大	6	C04-006	8.02		9.70	
			D02-005	450.89		480.35	
2	图斑缩小	3	B02-003	19.21		15.16	
			B02-012	23.64		11.36	
			B03-029	10.74		8.53	

续表

序号	变化类型	图斑数量	图斑编号	2015 图斑		2016 图斑	
				面积/hm²	截图	面积/hm²	截图
3	图斑新增	0					
4	图斑删除	7	B03-004	2.36		0	
			B03-010	7.38		0	
			B03-026	11.77		0	
			B03-027	3.12		0	

序号	变化类型	图斑数量	图斑编号	2015 图斑		2016 图斑	
				面积/hm²	截　图	面积/hm²	截　图
4	图斑删除	7	C03－001	10.4		0	
			C04－007	4.24		0	
			C04－008	1.48		0	

4.3　项目监管

4.3.1　合规性标准

　　与区域监管相比，项目监管主要在合规性判断方面有所不同，同时对水土保持措施图斑的合规性进行判别，由于传统卫星遥感影像的时空分辨率较难获取水土保持措施的实施量，也无法获得取弃土方量和重点区域的坡度坡长数据，需要利用无人机进行数据采集。项目监管合规性详查具体标准如下。

　　1. 扰动范围图斑合规性

　　（1）根据批复方案的项目区概况、水土保持防治区划分图等资料，判别项目扰动范围是否涉及国家级和省级水土流失重点预防区或者重点治理区。

（2）判别项目扰动范围与防治责任范围相比是否增加30%以上。

（3）根据批复方案的项目区概况等资料，判别线型工程山区、丘陵区部分横向位移超过300m的长度累计是否达到该部分线路长度的20%以上。

（4）判别项目区施工道路或者伴行道路等长度是否增加20%以上。

（5）判别项目区桥梁改路堤或者隧道改路堑累计长度是否达到20km以上。

（6）判断疑似启用的弃渣场是否为批复方案确定的存放地。

2．水土保持措施图斑合规性

（1）判别完工项目的植物措施总面积与批复的面积相比是否减少30%以上。

（2）判别弃渣场以及监督检查意见和方案中确定的高陡边坡、敏感点等重要单位工程措施体系是否发生变化，导致水土保持功能显著降低或丧失。

4.3.2 现场调查复核

利用遥感监管成果，采用移动采集系统对重点项目水土保持情况开展现场调查复核，判定生产建设项目水土保持方案落实情况；针对监督检查意见和方案中确定的高陡边坡、重要取（弃）土场等存在水土流失隐患的重点部位，采用无人机航摄成果进行水土保持信息定量采集及调查取证。

（a）用户登录　　（b）待检查项目列表

图4-43　项目监管用户登录

1．移动采集系统操作流程

（1）第一步，用户登录。根据分配的用户名和密码，登录系统，见图4-43（a）。登录后，默认进入待检查项目列表，见图4-43（b）。

（2）第二步，数据同步。切换到数据同步菜单，见图4-44（a）。该菜单下包括"项目同步"和"基础数据同步"两项，在第一次登陆系统时，务必先同步基础数据，在开展工作前，最好也再次同步基础数据。进入基础数据同步界面，见图4-44（b），同步完成后，云端和本地的数据条目数量均一致。

下一步需要进行项目同步，进入项目同步界面，见图4-44（c）。选择需要下载的项目，也可以点击搜索按钮查找项目。点击右侧"下载"按钮进入单个项目的下载界面，见图4-44（d）。

项目下载界面包括"项目相关信息下载"和"项目相关附件下载"两个下载按钮，首先点击项目相关信息的下载，将项目涉及的业务数据、矢量数据下载到本地；需要的时候，点击项目相关附件的下载，将项目相关的照片、文件等附件资料，下载到本地。（注意，根据项目已有资料完善程度不同，附件资料的数据量可能比较大，请在网络条件较好

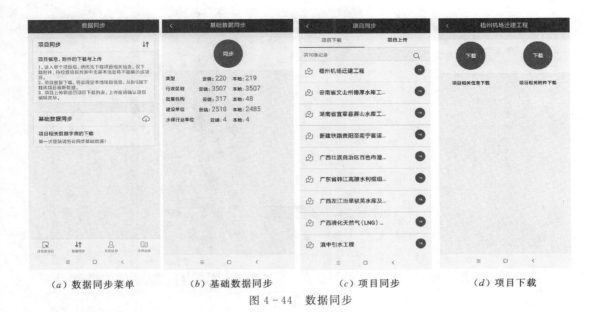

（a）数据同步菜单　　　（b）基础数据同步　　　（c）项目同步　　　（d）项目下载

图4-44　数据同步

的条件下，下载项目相关附件。）

（3）第三步，现场监管。下载了项目相关信息后，在"待检查项目"菜单中，就会列出已下载的项目。

点击项目名称，进入该项目的项目监管内容，默认打开的是"检查记录"菜单，此外，还有"地图""整改建议""基本信息""拍照"菜单。

1）检查记录。检查记录菜单中，包括了项目监管涉及的组织管理、变更情况、表土剥离、弃土弃渣、水保措施、补偿费、监测监理、整改落实、自查初验、水保验收等方面。

A. 组织管理。在组织管理标签页中，记录了与项目水土保持组织管理相关的内容，见图4-45（a）。

如果已经收集有相关材料，并同步附件到本地，即可查看相关的文件信息，也可以添加相关附件，见图4-45（b）。

如果在组织管理环节存在问题，可以记录在"存在问题描述"中，如有必要，可拍照记录相关内容，见图4-45（c）。

如果该问题值得列入整改意见中，可以点击图4-45（c）最下部的"推送问题"按钮，系统将该项问题的描述和图片附件推送至整改意见中，作为一条新的整改意见条目。

（注意：其他地方的"推送问题"也是同样的原理。通过各项问题的推送，最终形成整改意见。）

B. 变更情况。变更情况记录了项目是否有变更情况、变更依据以及存在的问题等情况，见图4-45（c）。

C. 表土剥离。表土剥离标签页记录了表土剥离相关的信息，见图4-45（d）。

D. 弃土弃渣。弃土弃渣标签页列出了调查图斑重点部位中类型为弃土（渣）场的信息，见图4-45（e）。可以跳转到渣场信息中进行查看和编辑，见图4-45（f）。在这里也可以定位到地图上的图斑位置，见图4-45（g）。

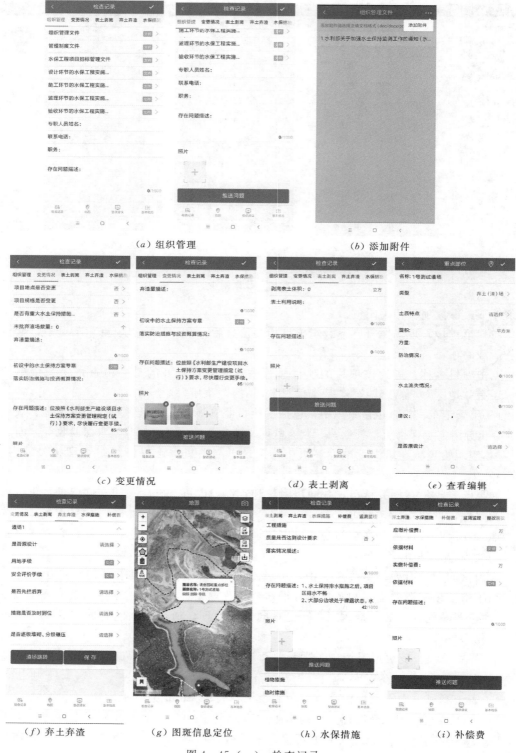

图 4-45（一）　检查记录

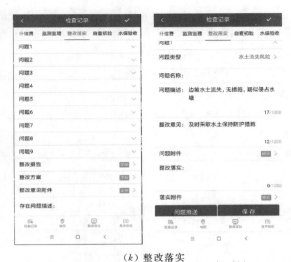

（j）监理监测　　　　　　　（k）整改落实

（l）自查初验　　　　　　　（m）水保验收

图4-45（二）　检查记录

E. 水保措施。水保措施标签页列出了工程、植物、临时措施的整体检查相关内容，见图4-45（h）。

F. 补偿费。补偿费标签页列出了补偿费缴纳的情况和依据文件，见图4-45（i）。

G. 监测监理。监测监理标签页是对监测和监理整体工作情况的检查和评价，见图4-45（j）。

H. 整改落实。整改落实标签页逐条列出了上一期的整改意见条目，可逐条检查其落实情况，对于仍然未落实的整改意见，可再次推送至本期监管意见，见图4-45（k）。

I. 自查初验。自查初验标签页记录了自查初验的相关情况，见图4-45（l）。

J. 水保验收。水保验收标签页记录了水保专项验收情况，见图4-45（m）。

2）地图。地图界面包含了该项目的所有业务图层的空间数据、影像底图，以及与空间信息相关的操作。

A. 图层控制。点击地图界面右上角的图层按钮，展开图层面板，见图4-46（a）。

图层面板分为两部分：上部分为底图切换，下部分为业务矢量图层图例与开关控制。

在底图部分，提供有 4 种底图可随时切换：①离线监管影像，即本地下载存储的监管影像；②在线监管影像，即本系统发布的与扰动图斑匹配的监管影像；③地图，即类似百度地图的在线地图，位置上有一定偏移；④在线公共影像，即由某些公司发布的公开的遥感影像，成像时间不确定。

业务矢量图层部分，包括设计和调查两类图斑，均从整体到局部，来表达完整的水土保持对象。

设计图斑包括：①项目红线范围，即项目的防治责任范围；②设计图斑重点部位，即涉及的取、弃土（渣）场、高陡边坡等图斑；③设计措施，即水保方案中的设计措施图斑。

调查图斑包括：①扰动图斑，即项目实际的扰动外边界；②调查图斑重点部位，即实际实施的取、弃土（渣）场、高陡边坡等图斑；③实施措施：实际实施的措施图斑；④问题地块：存在水土流失风险等情况的地块图斑。

此外，还有标注点和照片点：①标注点，即用来记录附加信息的点状标注；②照片点，即快速拍照后，记录信息的点状标注。

B. 信息采集。在开启某调查图层的情况下，直接点击图斑，可以弹出图斑基本信息和操作链接，通过编辑链接，采集图斑信息，见图 4 - 46（b）。

C. 图斑列表。点击图 4 - 46（c）右侧的列表按钮，系统从底部列出各调查图层供用户选择，选中某调查图层，将列出该图层下图斑的列表，供用户查看。

以重点部位为例，列出了该项目的重点部位图斑，可通过点击右侧的定位按钮，可定位到该图斑。

D. 新建图斑。点击图 4 - 46（d）左侧的新建图斑按钮，系统从地图底部弹出需要新建的图斑类型供用户选择：用户选择某一类图斑后，可在地图上逐点绘制图斑，最后一点与首节点重合即完成图形的绘制。（注意：绘制某一类型图斑需在图层控制中开启该图层的可见状态。）

绘制完成后，可以通过点选该图斑后弹出的编辑按钮，完善该图斑的属性信息，见图 4 - 46（e）。

E. 标注点。点击图 4 - 46（f）左侧的标注按钮，然后在图上需要的位置点击，即可在对应位置创建一个标注点。

F. 书签。书签可以帮助制订计划，将地图缩放到需要检查的部位，添加一个书签后，下次无论地图缩放和拖动到了什么位置，点击该书签，即可定位和缩放到之前创建书签的视图。

点击图 4 - 46（g）左下角的"添加书签"按钮，弹出书签面板，点击"添加书签"，可以在当前视图下新建一个书签，记录书签名，点击右侧加号，即可创建一条书签。

下次在书签面板中点击该条书签，即可定位到当时创建时的视图。

书签不再需要时，点击书签弹出框右上角的菜单按钮，点"移除"可以删除，见图 4 - 46（h）。

G. 定位。点击地图界面左上角定位按钮，可定位至当前所在位置。在室内环境，系

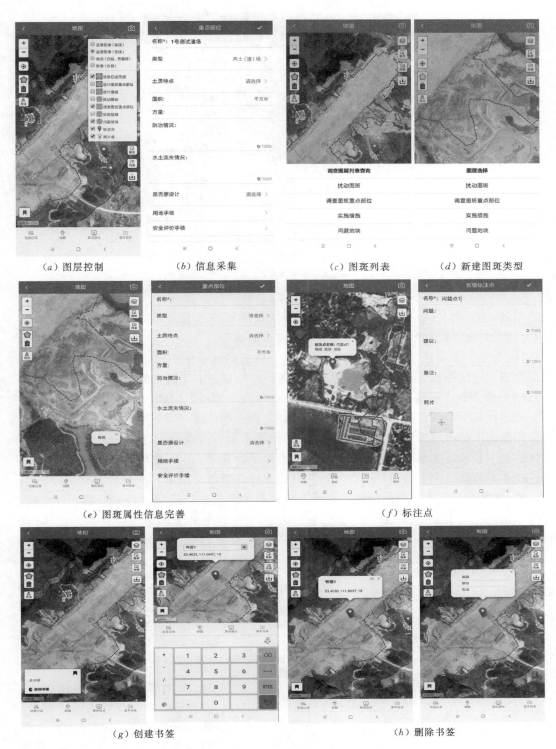

（a）图层控制　　　（b）信息采集　　　（c）图斑列表　　　（d）新建图斑类型

（e）图斑属性信息完善　　　　　　　　　　（f）标注点

（g）创建书签　　　　　　　　　　（h）删除书签

图 4-46（一）　地图功能

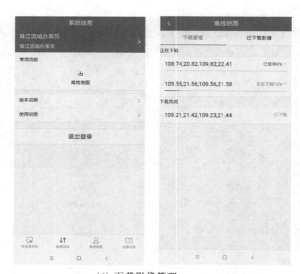

(i) 下载影像管理

图 4-46 (二) 地图功能

统利用基站或 Wi-Fi 定位；在室外环境，系统利用 GPS 定位，精度相对较高。需要的时候，点击定位按钮更新位置点。不支持位置点自动刷新。

H. 导航。点击图斑或标注点的导航链接，系统启动百度地图，自动规划当前位置至图斑位置的导航路线。导航操作参考百度地图。此功能需在手持端安装百度地图软件。

I. 影像下载。需要时，可以将监管影像下载到本地，以供离线时使用。点击地图界面上方的影像下载按钮，弹出影像下载确认框，点击确认后，即开始下载。下载数据为当前视图范围内的各级影像切片。（注意：影像数据下载过程缓慢，建议只下载必要范围的影像。当下载进度缓慢时，可以切换至其他界面继续开展工作，也可以暂停下载。）

在"系统信息"主菜单，可以对影像下载进行管理，见图 4-46 (i)。

3）整改建议。在"整改建议"菜单页，列出了本次监管的整改意见条目，可以逐条打开后查看并完善信息，也可以查看历史整改意见，或者增加当期整改意见条目，见图 4-47。

4）基本信息。基本信息菜单中列出了该项目水土保持方案特性表中的各项信息，可以左右滑动切换不同方面的信息，见图 4-48。

5）拍照。

A. 拍照与截图。在各类图斑、标注点、检查记录、整改意见的属性采集界面，都有一个加号按钮，点击此按钮，弹出"拍照"或"从相册中选择"菜单，见图 4-49 (a)。

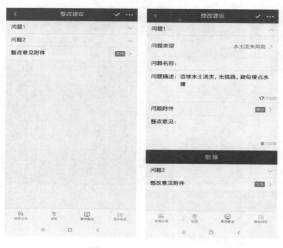

图 4-47 整改建议

a. 选择"拍摄",启动系统相机,拍照,确定后保存在"照片"属性中,可以点击查看,也可以删除。(注意:拍照时,请在相机设置中打开"保存地理位置信息"和"时间水印",并设置照片质量为低。)

b. 选择"从相册中选择",可以选中本地相册中已拍摄照片,添加至图斑照片中。

c. 截图和该功能的组合应用,可以记录现场附加信息。截图和涂鸦利用手持端系统自身的功能实现,保存图片后,在图斑或标注点的照片附件中,添加该图片。同步回服务端后,内业人员可以根据这些信息,来修正信息。(注意:完成全部采集工作后,务必点击"图斑详情"右上角的勾号"√",填写的信息和拍摄的照片才会保存。)

B. 照片备份。照片数据存储在手持端以下目录:
Android→data→com. stbc. xmjg→files→××办事员

工作过程中,可将该目录下照片拷贝至电脑备份。

相机设置:

安装 open camera 作为手持端默认相机。

照片设置→图像质量:低于 70%,照片大小低于 2M。

照片设置→戳记照片,见图 4-49(b),位置设置见图 4-49(c)。

图 4-48　基本信息

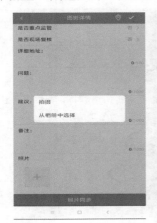  

(a)"拍照"或"从相册中选择"菜单　　　(b)戳记照片　　　(c)位置设置

图 4-49　拍照

(4)第四步,数据同步。完成采集工作后,进入数据同步→项目同步→项目上传界面,见图 4-50。这里列出了已下载的项目,点击右侧的"项目上传"按钮,进入上传界面,点击"上传",将手持端新增、修改的业务数据和附件数据上传到服务器。

4.3.3　项目监管案例

以典型项目某露天煤矿为例。该项目组成包括采掘场、排土场、地面生产系统、工业场地、地面防排水工程、矿区道路、供电通信系统、供热通风系统等设施。工程建设期占地 367.55hm²，其中永久占地 318.12hm²，临时占地 49.43hm²；工程建设期内土石方挖方总量 2821.03 万 m³，填方总量 110.76 万 m³。遥感影像分辨率为 2m，影像拍摄日期为 2017 年 4 月 7 日。

图 4-50　数据同步

1. 扰动图斑解译

查阅该项目水土保持方案报告书，该项目设计的水土流失防治责任范围为 422.96hm²，项目建设区 367.55hm²，直接影响区 55.41hm²。其中，采掘场区面积 91.82hm²，排土场区面积 77.79hm²，地面生产系统面积 26.80hm²，工业产地及其他设施区面积 29.29hm²，地面防排水工程区面积 61.00hm²，地面运输区面积 48.90hm²，管线工程区面积 87.36hm²。通过纸质版扫描获取 jpg 格式防治责任范围图，见图 4-51，图片带公里网，采用精准上图方式。根据项目防治责任范围图，对卫星影像

图 4-51　某露天煤矿防治责任范围矢量化

进行扰动图斑解译，见图 4-52。目前该项目各防治责任分区全面开工扰动，各分区责任范围见表 4-14。具体操作流程参见区域监管。

图 4-52 某露天煤矿扰动图斑解译

表 4-14 某露天煤矿水土流失防治责任分区及防治责任范围

防治责任分区	防治责任范围/hm²		
	建设区	直接影响区	小计
采掘场	81.59	10.23	91.82
排土场	72.04	5.75	77.79
地面生产系统	26.8	0.00	26.80
工业场地以其他设施	29.29	0.00	29.29
地面防排水工程	48.93	12.07	61.00
地面运输工程	40.59	8.31	48.90
管线工程	68.31	19.05	87.36
合计	367.55	55.41	422.96

（1）采掘场防治区。方案设计采掘场区防治责任范围为 91.82hm²，通过防治责任范围图矢量化，得到采掘场区防治责任范围为 452.80hm²；遥感解译后目前实际扰动面积为

182.67hm²。相比方案设计面积，扰动比例扩大了 98.94%，相比矢量化后的面积值，目前该防治责任范围扰动比例为 40.34%，采掘场区实际扰动范围未超出水土保持方案设计范围，见图 4-53。

（2）外排土场防治区。方案设计外排土场区防治责任范围为 77.79hm²，通过防治责任范围图矢量化，得到外排土场区防治责任范围为 275.54hm²；遥感解译后目前实际扰动面积为 124.67hm²。相比方案设计面积，扰动比例扩大了 60.27%，相比矢量化后的面积值，目前该防治责任范围扰动比例为 45.25%，外排土场区实际扰动范围未超出水土保持方案设计范围，见图 4-54。

图 4-53　采掘场防治区扰动图斑　　　　图 4-54　外排土场防治区扰动图斑
　　　　与防治责任范围变化　　　　　　　　　　　与防治责任范围变化

（3）地面生产系统防治区。方案设计地面生产系统防治区防治责任范围为 26.80hm²，通过防治责任范围图矢量化，得到地面生产系统防治区责任范围为 9.79hm²；遥感解译后的扰动图斑面积为 11.35hm²，占方案设计面积的 42.35%，相比矢量化后的面积值，目前扰动面积超出总面积 15.93%。地面生产系统防治区实际扰动范围超出水土保持方案设计范围，见图 4-55。

（4）工业场地及其他设施防治区。方案设计工业场地及其他设施防治区防治责任范围为 29.29hm²，通过防治责任范围图矢量化，得到的防治区责任范围为 25.33hm²；遥感解译后的扰动图斑面积为 22.41hm²。相比方案设计面积，扰动比例为 76.51%，相比矢量化后的面积值，目前该防治责任范围扰动比例为 88.47%，工业场地及其他设施区实际扰动部分超出设计位置，但扰动范围未超出设计范围，见图 4-56。

（5）地面防排水系统防治区。方案设计地面防排水系统防治区防治责任范围为 61.00hm²，通过防治责任范围图矢量化，得到的防治区责任范围为 56.86hm²；遥感解译后的扰动图斑面积为 40.23hm²。相比方案设计面积，扰动比例为 65.95%，相比矢量化后的面积值，目前该防治责任范围扰动比例为 70.75%，地面防排水系统实际扰动范围未超出规定范围，见图 4-57。

（6）地面运输及管线工程防治区。方案设计地面运输防治责任范围为 48.90hm²，管线工程防治区为 87.36hm²，由于二者在防治责任范围图中皆为线性图斑，所以一起进行解译，通过防治责任范围图矢量化，得到长度为 151.82m；遥感解译后的扰动图斑面积为 21.41hm^2。目前该防治责任范围扰动比例为 15.71%，地面运输及管线工程防治区实际扰动范围未超出规定范围，见图 4-58。

图 4-55　地面生产系统防治区
扰动图斑与防治责任范围变化

图 4-56　工业场地及其他设施防治区
扰动图斑与防治责任范围变化

图 4-57　地面防排水系统防治区扰动
图斑与防治责任范围变化

图 4-58　地面运输及管线工程防治区扰动图斑
与防治责任范围变化

2. 图斑合规性分析

基于卫星影像的项目整体扰动合规性分析，得出如下结论：

（1）根据水土保持方案中项目区概况介绍，项目扰动范围不涉及国家级和省级水土流失重点预防区或者重点治理区。

（2）除地面生产系统防治区的扰动范围超出 115.93%外，其他各分区的扰动范围均未超出方案设计的防治责任范围。

（3）项目区施工道路或者伴行道路等长度未增加 20%以上。

（4）现有外排土场扰动面积为 124.67hm^2，方案设计数量为 1 个，防治责任面积为 77.79hm^2，防治责任范围图上外排土场面积为 275.54hm^2。

（5）没有发现疑似超出方案设计内容的外排土场。

3. 监管信息现场采集

（1）第一次无人机现场调查。2017年10月17—20日，对采掘场防治区、排土场防治区、工业场地及有关设施防治区、地面运输及管线工程防治区4个分区进行了无人机现场数据采集，为保证数据质量，主要采用倾斜摄影测量技术获取相关数据。

1）采掘场防治区。水土保持方案报告书设计采掘场防治区水土保持措施布局及措施体系为：①工程措施有表土剥离、土地整治、排水工程；②植物措施有栽植防护林、撒播种草、水平犁沟整地。

采掘场防治区总计调查点数量为1个，根据现场调查情况，采掘场防治区水土保持方案设计的植物措施暂未实施。

采掘场防治区样点方案设计水土保持措施及实际落实情况见表4-15。采掘场正射影像、DSM见图4-59。

表4-15　　　　　　　　　采掘场防治区方案设计及实际落实情况

施工进度	土建施工正在进行	
调查点尺度信息	长1824m，宽753m，占地154hm²	
调查点类型及特征	采掘场，挖深50m，坡度1：0.8，土质边坡	
是否对征地红线外造成扰动	否	
水土保持措施	方案设计	现场调查
工程量 工程措施	表土剥离；排水工程	表土已剥离至表土存放区；采掘场底部设置东、西两个汇水区，备采区也同时形成一个独立的汇水区，设置移动排水泵站形成各自的排水系统
工程量 植物措施	栽植防护林；撒播种草；犁沟整地	植物措施暂未实施
是否存在水土流失危害	表土已剥离并存放于表土排土场，排水顺畅，但工程目前植物措施暂未实施，存在水土流失的风险	
是否满足方案报告书要求	工程措施基本满足方案报告书要求，但应及时采取植物措施，进行绿化	
影像	航拍全景图	

影像	航拍全景图	
	排水工程照片	

2）排土场防治区。外排土场水土保持措施布局及措施体系为：①工程措施有削坡开级、拦挡围堰、覆土回填、土地平整、浆砌石排水沟、浆砌石消力池；②植物措施为栽植防护林、种植恢复林带、撒播种草、植草护坡。

表土排土场水土保持措施布局及措施体系为：①植物措施有种植恢复林带、撒播种草、水平犁沟整地；②临时措施为土质排水沟、草袋土拦挡。

比例 1∶15000　　　　　　　　　　　比例 1∶15000

（a）正射影像　　　　　　　　　　（b）DSM

图 4-59　采掘场正射影像、DSM

排土场防治区总计调查点为 2 个，通过抽样调查，可推断：排土场防治区现场水土保持措施没有落实，存在水土流失风险。

排土场区样点方案设计水土保持措施及实际落实情况见表 4-16 和表 4-17。排土场防治区（外排土场）正射影像、DSM 见图 4-60。

表 4-16　　　　　　　　　排土场防治区（外排土场）点位 1 方案设计及实际落实情况

项　　目		方案设计	现场调查	评价
施工阶段		外排土场现堆渣高度为 57m，最终排弃高度为 102m		
微地形特征		旱田、荒地	旱田、荒地	相同
扰动面积/hm²		254	120.44	减少 133.56
堆渣高度/m		45	57	存在安全隐患
弃土（渣）量/万 m³		3736	3700	需要稳定性分析
堆渣方式		分层堆放	分层堆放	边坡陡峭
坡比		1∶1.5	1∶0.8	
工程量	工程措施	削坡开级、拦挡围堰、覆土回填、土地平整、浆砌石排水沟、浆砌石消力池	削坡开级、土地平整	措施布局部分满足方案
	植物措施	栽植防护林、种植恢复林带、撒播种草、植草护坡	暂未实施	

项　目	方案设计	现场调查	评价
是否存在水土流失隐患及危害	此渣场堆渣高度大于 20m，堆渣量也大于 50 万 m³，为一级弃渣场，建议建设单位加强水土保持各项防护措施的布设，以免造成大规模水土流失		
是否需要安全评价及理由	弃渣量为一级弃渣场，需要稳定性评估报告		
是否满足方案报告书要求及问题、建议	不满足方案报告书要求，建议建设单位尽快落实水土保持方案相关措施，避免造成大规模水土流失		
影像	航拍全景图		
	削坡开级		
	削坡开级		

表 4-17　　　　　排土场防治区（表土场）点位 2 方案设计及实际落实情况

项　目		方案设计	现场调查	评　价
施工阶段		本弃渣场为表土临时存放场，区域土地已平整		
微地形特征		旱地、荒地	旱地、荒地	相同
扰动面积/hm²		5.64	8.9	增大 3.26
堆渣高度/m		未设计	10～15	不存在安全隐患
弃土（渣）量 /万 m³		未设计	8.9	不存在安全隐患
堆渣方式		未设计	分层堆放	边坡稳定
坡比		未设计	1～1.2	
工程量	植物措施	种植恢复林带、撒播种草、水平犁沟整地	植草绿化面积 8.9hm²	措施布局基本满足方案要求
	临时措施	土质排水沟、草袋土拦挡	现场已结束弃渣，未见临时挡护和排水沟措施	未见临时措施
是否存在水土流失隐患及危害		由于堆渣边坡较缓，且进行了植物绿化措施，基本不存在水土流失隐患		
是否需要安全评价及理由		弃渣量为四级以下弃渣场，不需要稳定性分析		
是否满足方案报告书要求及问题、建议		植物措施基本满足方案报告书要求		
影像	现场图片			
	撒播种草			
	绿化			

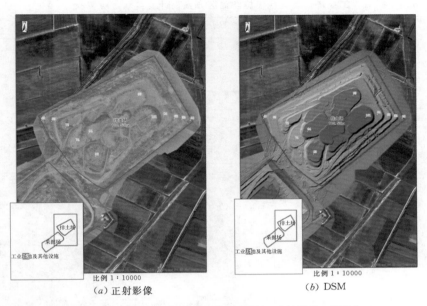

图4-60 排土场防治区（外排土场）正射影像、DSM

3）工业场地及其他设施。水土保持方案报告书设计工业场地及其他设施防治区水土保持措施布局及措施体系为植物措施有栽植绿化乔木、撒播种草。

工业场地及其他设施防治区总计调查点数量为1个，通过抽样调查，可推断工业场地及其他设施防治区现场水土保持措施布局较完整，水土保持措施工程量基本落实。

工业场地及其他设施防治区样点方案设计水土保持措施及实际落实情况见表4-18，其正射影像见图4-61。

图4-61 工业场地及其他设施防治区正射影像

表4-18　　　　　　　　工业场地及其他设施防治区方案设计及实际落实情况

		施工进度	已完成工业场地及其他设施施工	
		调查点尺度信息	长791m，宽437m，占地28.15hm²	
		调查点类型及特征	工业场地及其他设施	
		是否对征地红线外造成扰动	否	
		水土保持措施	方案设计	现场调查
	工程量	植物措施	撒播种草、铺草皮、栽植绿化乔木	撒播种草、铺草皮、栽植乔木
		是否存在水土流失危害	场地植物措施布局合理，基本不存在水土流水隐患	
		是否满足方案报告书要求	植物措施基本满足方案报告书要求	
影像		航拍全景图		
		植物措施照片		

4）地面运输工程防治区。地面运输及管线防治区水土保持措施布局及措施体系：①植物措施为栽植防护林、植草护坡、栽植恢复林带、植草护坡、水平犁沟整地、撒播种

草；②临时措施有坡面压实。

地面运输及管线防治区总计调查点为1个，根据现场调查情况，地面运输及管线防治区水土保持方案设计的植物措施暂未实施。

地面运输及管线防治区样点方案设计水土保持措施及实际落实情况见表4-19。

表4-19　　　　　　　　　　地面运输及管线防治区方案设计及实际落实情况

项　目		方案设计	现场调查
施工阶段		地面生产系统95%已安装完成，露天煤矿主干道已全线贯通	
微地形特征		荒地、耕地	荒地、耕地
扰动面积/hm²		108.9	105.9
工程量	植物措施	栽植防护林、植草护坡、栽植恢复林带、水平犁沟整地、撒播种草	植物措施暂未实施
	临时措施	坡面压实	区域内坡面已压实
是否存在水土流失隐患		工程目前植物措施暂未实施，存在水土流失的风险	
是否满足方案报告书要求		临时措施满足水土保持方案报告书要求，但植物措施暂未实施，希望建设单位尽快落实水土保持设施，以免造成水土流失	
影像			

（2）第二次无人机现场调查。2018年8月28日到现场又开展一次无人机现场调查。现场调查范围为采掘场防治区和外排土场防治区，其正射影像见图4-62。

1）采掘场防治区。遥感影像解译的采掘场区内西北角，堆放有该扰动区域剥离的表土，占地面积为10.97hm²，表土剥离量约为56.81万m³。目前，该表土堆放区植被盖度良好，见图4-63。同时，表土堆放区下方，在采掘场防治区内，设临时贮煤场，占地面积为11.34hm²，该外排土场未在水土保持方案设计扰动范围内，见图4-64。

图4-62　无人机核查范围正射影像

图4-63　表土堆放区

图 4-64　新设外排土场

根据现场调查，采掘场区扰动范围应在遥感影像解译范围基础上减去表土堆放区及贮煤场区，经计算，采掘场区实际扰动面积应为 160.36hm²。

2）外排土场防治区。本项目外排土场区现场调查扰动面积相比遥感影像解译扰动面积基本无变化，但该排土场实际测量后堆渣高度约为 63.4m，堆渣量约 3192.45 万 m³，见图 4-65。

图 4-65　外排土场堆渣量计算

图 4-66　外排土场边坡

4. 现场调查结果

经现场调查，该露天煤矿水土流失防治责任范围发生如下变化。

（1）表土堆放区位置发生变更，方案设计位置在外排土场区下侧，实际堆放位置设在采掘场西北侧，扰动面积新增 10.97hm²。

（2）外排土场堆渣量过大，堆渣高度过高，排土场分层碾压，但缺少有效拦挡措施，排土场边坡部分坍塌，形成较大侵蚀沟道，存在塌方或泥石流危险，见图 4-66。

第 5 章

无人机摄影测量技术在国家水土保持
重点工程信息化监管中的应用

5.1 国家水土保持重点工程信息化监管技术要求

为统一国家水土保持重点工程规划设计复核、在建项目核查、竣工项目抽查、实施效果评估的技术标准，规范监管的对象、内容、方法、深度和成果等技术要求，提升国家水土保持重点工程管理能力和水平，2018 年 6 月，水利部办公厅印发了《国家水土保持重点工程信息化监管技术规定（试行）》。

5.1.1 监管对象与内容

监管对象为中央投资水土保持工程中的水土保持措施。主要内容是以水土保持措施图斑为单元，开展规划设计复核、在建项目核查、竣工项目抽查和实施效果评估等工作。

（1）规划设计复核的主要内容。根据项目区土地利用、坡度、植被覆盖以及土壤侵蚀情况，复核设计图斑与现状地物的一致性、措施布局的合理性和治理程度的达标性。

（2）在建项目核查的主要内容。根据项目施工计划和进度，对核查阶段已完成的水土保持措施的进度和质量进行核查。

（3）竣工项目抽查的主要内容。项目完工后，对水土保持措施类型、数量和质量进行抽查。

（4）实施效果评估的主要内容。项目竣工验收后一段时期内（一般 1～5 年），对项目区林草覆盖变化情况、水土保持措施保存情况和水土流失消长变化情况等水土流失治理实施效果的评估。

5.1.2 监管技术路线

1. 规划设计复核

规划设计复核工作包括复核前期准备、核查信息采集、措施布局及工程量复核等内容。首先，收集项目区影像（卫星影像或无人机影像）和地形图资料；其次，基于预处理后的数据，结合解译标志，开展项目区土地利用的解译，植被覆盖度和坡度的提取，土壤侵蚀强度的判读；然后，基于水土保持基础图斑，复核设计图斑与现状地物的一致性、措施布局的合理性和治理程度的达标性；最后，将相关成果录入"管理系统"。规划设计复核技术路线见图 5-1。

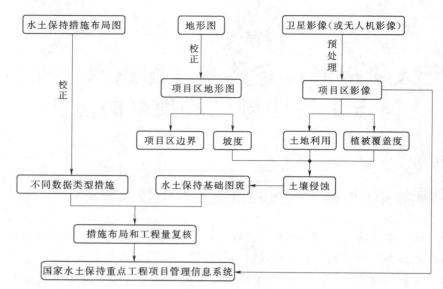

图 5-1　规划设计复核技术路线

2. 在建项目核查

在建项目核查工作包括核查前期准备、现场核查信息采集、核查措施图斑矢量化、核查成果分析与成果入库等内容。首先，收集项目区资料，选定拟核查图斑；其次，将项目区收集的相关资料下载至移动终端，基于移动终端和无人机进行现场核查信息采集；然后，根据现场核查资料，分析核查成果；最后，将核查采集的信息及分析结果录入"管理系统"。在建项目核查技术路线见图 5-2。

3. 竣工项目抽查

竣工项目抽查工作包括项目验收抽查前期准备、现场抽查信息采集、抽查措施图斑矢量化、抽查结果分析与成果入库等内容。首先，收集项目区资料，选定拟抽查图斑；其次，将项目区收集的相关资料下载至移动终端，基于移动终端和无人机进行现场抽查信息采集；然后，根据现场抽查资料，分析抽查成果；最后，将抽查采集的信息及分析结果录入"管理系统"。竣工项目抽查技术路线见图 5-3。

4. 实施效果评估

实施效果评估工作主要包括前期准备、评估年现状解译、实施效果分析和成果入库等内容。首先，收集项目区基础资料和评估年项目区影像（遥感影像或无人机影像）；其次，基于收集影像和解译标志，获取项目区水土保持评估图斑和水土保持措施分布情况；然后，通过对比分析项目实施前、后项目区变化情况，对项目实施效果进行评估；最后，将相关数据资料录入"管理系统"。实施效果评估技术路线见图 5-4。

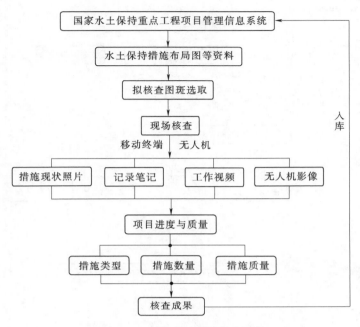

图 5 - 2 在建项目核查技术路线

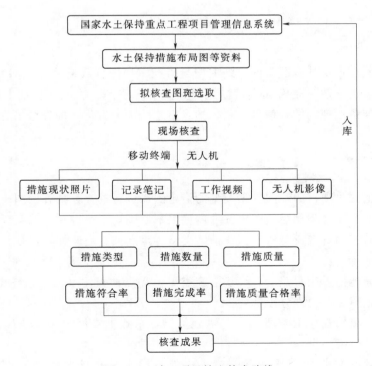

图 5 - 3 竣工项目抽查技术路线

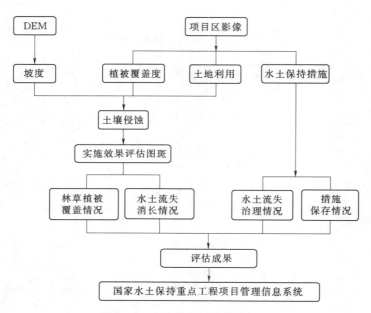

图 5-4 实施效果评估技术路线

5.2 竣工项目抽查实例

5.2.1 工作流程

竣工项目重点核实抽查图斑的措施类型与措施布局图（或措施变更图）、竣工验收图描述是否一致，措施数量是否属实，措施质量是否合格等。竣工项目抽查的工作内容包括：抽查前期准备、现场抽查信息采集、抽查措施图斑矢量化、抽查结果分析和抽查成果入库。

5.2.1.1 基本要求

1. 抽查图斑选取原则

对开展竣工验收项目的不同数据类型的措施图斑进行抽查，抽查的图斑应能代表该项目实施的整体情况。各类型措施图斑选取遵循以下原则：

（1）面状措施抽查应覆盖所有面状措施类型，重点抽查坡改梯、造林、风沙治理等措施图斑。

（2）线状措施抽查应覆盖所有线状措施类型，重点抽查沟（河）道整治、生产道路、排灌沟渠等措施图斑，允许分段抽查。

（3）点状措施抽查应覆盖所有点状措施类型，重点抽查淤地坝、崩岗治理、山塘坝堰、水源工程等措施图斑。

（4）各项措施验收抽查比例参照《水土保持综合治理验收规范》（GB/T 15773—2008）执行。

2. 误差要求

竣工项目抽查应满足以下误差要求：

（1）面积误差（≤10%），指各个面状措施核查面积与设计面积（系统填报）的误差，面积误差＝（设计面积－核查面积）/设计面积×100%。

（2）长度误差（≤5%），指各个线状措施核查长度与设计长度（系统填报）的误差，长度误差＝（设计长度－核查长度）/设计长度×100%。

（3）点位置误差（≤20m），指各个点状措施上图位置与核查（或抽查）时实际位置之间的距离。

5.2.1.2 现场信息采集

项目区现场抽查工作应利用无人机和移动终端等工具，主要采集抽查图斑正射影像、抽查图斑现场照片和抽查工作视频等内容。

使用移动终端现场信息采集操作如下。

（1）第一步，下载项目区资料。

1）在桌面，需打开"移动检查验收系统"和"外业作业平台"，见图5-5（a）。注意，此两个应用需全部打开。然后在"移动检查验收系统"进行账号登录，见图5-5（b）。

2）点击"下载"，下载项目区资料。在"项目列表"下拉菜单中选择项目类型。选择完项目后，在"操作"列点击箭头，进行资料下载，下载完成后点击左上角"关闭"，关闭界面，见图5-5（c）。

3）点击刷新按钮，在界面显示下载的项目区资料，见图5-5（d）。

（2）第二步，新建外业检查任务。

1）在"操作"栏，点击"核/抽查"，弹出任务列表。点击"新增"，进行相关信息录入。录入完成后点击"增加"按钮，见图5-6（a）。

2）单击选中建立的信息，点击"进入"按钮，进入项目区界面，见图5-6（b）。

（3）第三步，开始外业检查。

1）点击图5-7（a）右上角智能查询图标，在界面点击要记录的图斑，在"智能查询"菜单中点击"记录"，在弹出菜单"设置记录目标位置"中，点击"确认"，系统自动跳转到外业作业平台，见图5-7（b）。

（a）"移动检查验收系统"
和"外业作业平台"

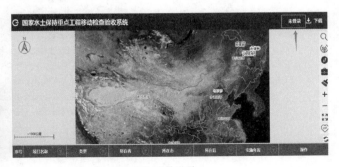

（b）账号登录

图5-5（一） 下载项目区资料

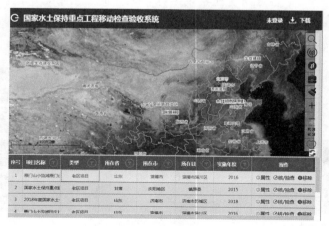

（c）资料下载

（d）下载资料刷新

图 5-5（二）　下载项目区资料

（a）新增任务

（b）进入项目区界面

图 5-6 新建外业检查任务

（a）点击"智能查询"

（b）点击确认

（c）创建笔记

（d）手绘标注

图 5-7（一）　开始检查

(e)"退出手写记录"　　　　　　　　　　　　　　　　(f)复制或转移

(g)结束记录

图 5-7(二)　开始检查

2）点击图 5 - 7（c）右上角"笔记"，进行笔记创建，创建完成后点击"保存"。

3）点击图 5 - 7（c）界面的"退出手写记录"，双击创建的笔记页面，可对笔记进行编辑。点击"相机"按钮，可对项目区进行拍照或录像。

4）双击拍摄的照片，在照片上进行手绘标注，见图 5 - 7（d）。

5）单击"保存"后，点击"退出手写记录"开始其他操作，见图 5 - 7（e）。

6）选择图 5 - 7（f）右侧列表笔记、照片、视频，点击左上角"复制"或"转移"，实现照片与记录点绑定。复制：本地保持原始笔记、照片、视频（推荐）；转移：本地不会保存原始笔记、照片、视频。

7）记录完毕，切换至"移动检查验收系统"，点击"结束记录"，完成记录，见图 5 - 7（g）。

（4）第四步，外业检查成果上报。

1）返回首页，点击"核/抽查"，见图 5 - 8（a）。

2）在弹出的"行动选择"对话框中，单击选中要上传的任务，点击"上传""确定"，上传记录到国家系统，完成一次核查任务，见图 5 - 8（b）～（d）。

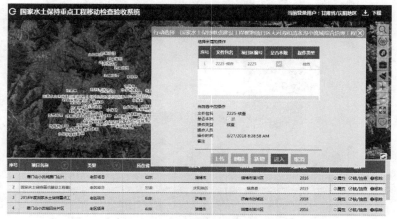

（a）点击"核/抽查"

（b）打开"行动选择"对话框

（c）点击上传

图 5 - 8（一）　外业检查成果上报

(d) 完成上传

图 5-8（二） 外业检查成果上报

5.2.1.3 抽查措施图斑矢量化

根据无人机影像特征，以先验知识、解译标志、设计图斑属性以及现场调研结果作为参考，利用 GIS 软件，人工勾绘项目区抽查阶段水土保持措施现状图斑，计算每个抽查措施图斑数量。

按照水土保持措施的数据类型，分别建立水土保持措施矢量文件。矢量文件以"项目省-项目县-项目区-竣工项目抽查-措施数据类型-无人机影像拍摄年月日"的形式命名，表示竣工项目抽查阶段水土保持措施。水土保持措施矢量图属性表结构同表 5-1～表 5-3。

表 5-1　　　　　　　　　　　面状水土保持措施矢量图属性表结构

序号	字段名称	字段标识	类型	长度	计量单位
1	图斑编码	TBBM	字符串型	6	无量纲
2	措施名称	CSMC	字符串型	30	无量纲
3	措施代码	CSDM	字符串型	20	无量纲
4	措施数量	CSSL	数值型	保留两位小数位	hm²
5	备注	BZ	字符串型	1000	无量纲

注　图斑编码为各面状水土保持措施图斑的编码，以 1，2，3，…顺序编码。

表 5-2　　　　　　　　　　　线状水土保持措施矢量图属性表结构

序号	字段名称	字段标识	类型	长度	计量单位
1	图斑编码	TBBM	字符串型	6	无量纲
2	措施名称	CSMC	字符串型	30	无量纲
3	措施代码	CSDM	字符串型	20	无量纲
4	措施数量	CSSL	数值型	保留两位小数位	km
5	备注	BZ	字符串型	1000	无量纲

注　图斑编码为各线状水土保持措施图斑的编码，以 1，2，3，…顺序编码。

表 5-3　　　　　　　　　　　　**点状水土保持措施矢量图属性表结构**

序号	字段名称	字段标识	类型	长度	计量单位
1	图斑编码	TBBM	字符串型	6	无量纲
2	措施名称	CSMC	字符串型	30	无量纲
3	措施代码	CSDM	字符串型	20	无量纲
4	措施数量	CSSL	数值型	2	个、处、座、套
5	备注	BZ	字符串型	1000	无量纲

注　图斑编码为各点状水土保持措施图斑的编码，以1，2，3，…顺序编码。

5.2.1.4　抽查结果分析

通过对比措施设计图和实施后的措施图斑类型、质量和数量，分析项目是否按照设计实施以及措施的完成情况，对项目实施情况进行总体评价，计算措施符合率、措施质量合格率和措施完成率共3项指标。各指标计算方法如下：

$$措施符合率 = \frac{抽查图斑与设计图斑措施类型一致的个数}{抽查图斑部数} \times 100\%$$

$$措施质量合格率 = \frac{抽查图斑措施质量合格的个数}{抽查图斑总数} \times 100\%$$

$$措施完成率 = \frac{\sum 措施权重 \times 抽查措施数量}{\sum 措施权重 \times 设计措施数量} \times 100\%$$

式中：措施权重见表5-4；抽查措施数量指面状措施的面积、线状措施的长度和点状措施的个（处、座、套）数。

表 5-4　　　　　　　　　　　　**水土保持措施名称、代码及类型**

一级措施		二级措施		三级措施		权重	数据类型	单位
名称	代码	名称	代码	名称	代码			
综合治理措施	zhzl1	坡改梯	pgt2	石坎梯田	sktt3	10	面状措施	hm²
				土坎梯田	tktt3	5	面状措施	hm²
		造林	zl2	水保林	sbl3	1	面状措施	hm²
				经果林	jgl3	2	面状措施	hm²
		种草	zc2	种草	zc3	0.6	面状措施	hm²
		保土耕作	btgz2	保土耕作	btgz3	0.2	面状措施	hm²
		封禁治理	fjzl2	封禁治理	fjzl3	0.1	面状措施	hm²
		风沙治理	fszl2	风沙治理	fszl3	3	面状措施	hm²
小型水利水保工程措施	slsbgc1	淤地坝	ydb2	骨干坝	ggb3	15	点状措施	座
				中小型坝	zxxb3	3	点状措施	座
		崩岗治理	bgzl2	大型崩岗	dxbg3	12	点状措施	个
				中小型崩岗	zxxbg3	1	点状措施	个
		山塘坝堰	stby2	山塘坝堰	stby3	6	点状措施	处
		集蓄工程	jxgc2	水窖	sj3	1	点状措施	个
				蓄水池	xsc3	2	点状措施	个

一级措施		二级措施		三级措施		权重	数据类型	单位
名称	代码	名称	代码	名称	代码			
小型水利水保工程措施	slsbgc1	排灌沟渠	pggq2	排灌沟渠	pggq3	3	线状措施	km
		谷坊	gf2	谷坊	gf3	2	点状措施	处
		沟渠防护工程	gqfh2	沟渠防护工程	gqfh3	1	点状措施	处
		坡面截流工程	pmjl2	坡面截流工程	pmjl3	2	线状措施	km
		植物篱	zwl2	等高植物篱	dgzwl3	2	线状措施	km
		生产道路	scdl2	生产道路	scdl3	3	线状措施	km
		沟（河）道整治	ghdzz2	沟（河）道整治	ghdzz3	7	线状措施	km
其他措施	qtcs1	水源工程	sygc2	水源工程	sygc3	10	点状措施	处
		小型污水处理池	wsclc2	小型污水处理池	wsclc3	8	点状措施	个
		污水处理设施	wsclss2	污水处理设施	wsclss3	10	点状措施	套
		垃圾处置设施	ljczss2	收集站	sjz3	2	点状措施	处
				处理站	clz3	10	点状措施	处
		隔污栅	gwz2	隔污栅	gwz3	10	点状措施	处
		节能措施	jncs2	节能措施	jncs3	1	点状措施	个
		苗圃	mp2	苗圃	mp3	15	点状措施	个
		宣传碑牌	xcbp2	宣传碑牌	xcbp3	1	点状措施	个
		水蚀坡林地整治	sspldzz2	水蚀坡林地整治	sspldzz3	1	面状措施	hm²
		地埂植物带	dgzwd2	地梗植物带	dgzwd3	1	面状措施	hm²
		桥/涵	qh2	桥/涵	qh3	1	点状措施	座
				沉沙池（函）	csc3	1	点状措施	个

5.2.2 主要成果

2018 年对 2017 年度全国坡耕地水土流失综合治理工程招束沟项目区开展了竣工项目抽查工作。招束沟项目区 2017 年新修水平梯田 246.8hm²，新修坡式梯田 24.27hm²，修建作业路 8.475km，修建谷坊 4 座。

收集了项目区实施方案和设计措施图斑，见图 5-9。2018 年 7 月 14 日对项目区开展了无人机现场数据采集，见图 5-10 和图 5-11。招束沟项目区影像分辨率 12.32cm，覆盖面积 11.229km²。

根据项目区措施布置图和现场调查情况（见图 5-12），对措施落实情况进行解译，共解译面状措施图斑 33 个，其中坡式梯田措施 4 个，土坎水平梯田措施 29 个，见表

5-5。坡式梯田 4 个图斑设计与实际实施情况一致，土坎水平梯田 29 个图斑与设计一致。

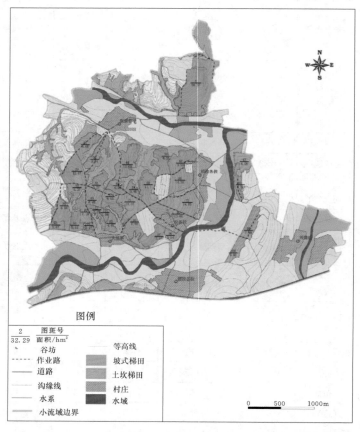

图 5-9　招束沟项目区方案和设计措施图斑

图 5-10　招束沟项目区无人机遥测正射影像

图 5-11　招束沟项目区方案设计措施矢量图斑

图 5 - 12　招束沟项目区措施落实情况对比图

表 5 - 5　　　　　　　　　　招束沟项目区措施解译情况表

措　　施	设计图斑/个	面积/hm²	解译图斑/个	面积/hm²
土坎水平梯田	29	246.8	29	256.74
坡式梯田	4	24.27	4	23.71

个别图斑与设计对比见表 5 - 6～表 5 - 10。

表 5 - 6　　　　　　　　3 号图斑土坎梯田措施实施详情统计表

图斑编号	3		
措施名称	坡式梯田		
措施面积	设计面积	解译面积	评价
	7.91hm²	7.77hm²	合格
图斑所在位置			

续表

设计实施范围	实际实施范围
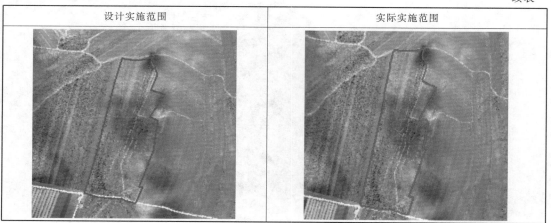	

表 5 - 7　　　　　　　　**6 号图斑土坎梯田措施实施详情统计表**

图斑编号	6		
措施名称	土坎水平梯田		
措施面积	设计面积	解译面积	评价
	7.11hm²	7.55hm²	合格
图斑所在位置			
设计实施范围		实际实施范围	

表 5 – 8　　　　　　　　　**12 号图斑土坎梯田措施实施详情统计表**

图斑编号	12		
措施名称	土坎水平梯田		
措施面积	设计面积	解译面积	评价
	5.01hm²	4.78hm²	合格
图斑所在位置			

设计实施范围	实际实施范围

表 5 - 9   **17 号图斑土坎梯田措施实施详情统计表**

图斑编号	17		
措施名称	土坎水平梯田		
措施面积	设计面积	解译面积	评价
	9.37hm²	9.85hm²	合格
图斑所在位置			

设计实施范围	实际实施范围

表 5-10   25 号图斑土坎梯田措施实施详情统计表

图斑编号	25		
措施名称	土坎水平梯田		
措施面积	设计面积	解译面积	评价
	6.63hm²	6.54hm²	合格
图斑所在位置			

设计实施范围	实际实施范围

道路共解译 11 段，总长度 11.70km，设计长度 8.475km，长度增加 3.225km，增加比例 38.05%，见图 5-13。

设计布设 4 处谷坊，实际调查发现未布设谷坊，见图 5-14。

梯田面状措施（见图 5-15 和图 5-16）图斑共计解译出 33 个，道路线状图斑共解译

11 个，有一段道路未实施，4 个点状谷坊均未实施，措施符合率＝100％×（33＋11）/（33＋11＋1＋4）＝89.80％。

梯田和道路措施质量较好，均满足相关要求，措施质量合格率为 100％。

图 5-13　招束沟项目区道路落实情况

图 5-14　招束沟项目区谷坊落实情况

图 5-15　土坎水平梯田质量

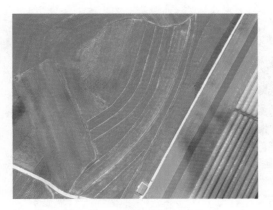

图 5-16　土坡式梯田质量

实施效果评估实例

5.3.1　工作流程

评估内容包括项目水土流失治理情况、水土保持措施保存情况、林草植被覆盖情况以及水土流失消长情况等。项目实施效果评估的工作流程包括前期准备、评估年数据获取、实施效果评估和成果入库等。

首先，收集项目区基础资料（包括项目实施方案、施工进度、措施布局图、措施变更图、竣工验收图等）和评估年及工程实施前项目区遥感影像；然后，基于收集遥感影像和解译标志，获取项目区评估年现状数据；最后，通过对比分析项目实施前后项目区变化情况，对项目实施效果进行评估。

对于影像数据的处理主要从以下几方面进行分析。

1. 统一影像基本信息

影像基本信息包括影像时相、坐标系统。选择使用最新时相（5—9月）的遥感影像。对于难以接收光学影像、地貌类型单一、人员居住较少的高山区影像时相可适当放宽。遥感影像时相应为项目实施效果评估年生长季和工程实施前项目区影像，并尽可能与措施布局阶段对项目区现状解译时使用的遥感影像时相相近。

遥感影像投影数据应统一为以下标准：

地球椭球体：CGCS2000；

地理坐标系：CGCS2000；

投影坐标系：Albers 投影；

高程坐标系：1985 国家高程基准。

定义投影工具在 ArcToolbox→数据管理工具→投影和变换，见图 5-17。

2. 影像的空间分辨率及影像配准

优先选择空间分辨率优于 2m 的遥感融合影像。对有偏移的影像进行影像校正和地理

图 5-17　定义投影工具

配准。

几何校正是为了使两幅或多幅图像的几何坐标相对应，是后续一系列的图像处理的基础。图像融合是为了获取更丰富的图像信息以便于图像分类、信息提取等操作，一般由低分辨率多光谱信息的影像与高分辨率低光谱信息的影像融合，紧随几何校正进行。地理配准的基本过程是在栅格图像中选取一定数据的控制点，将它们的坐标指定为矢量数据中对应点的坐标（在空间数据中，这些点的坐标是已知的，坐标系统为地图坐标系）。

配准中我们需要知道一些特殊点的坐标，即控制点。控制点可以是经纬线网格的交点、公路网格的交点或者一些典型地物的坐标。

3. 影像融合

根据影像波段的光谱范围、地物和地形特征等因素，选择能清晰表现地物特征和边界、色彩接近自然真色彩的融合算法。融合影像应无重影、模糊、颜色飘移或沾染等现象，调整全色影像地物反差，突出纹理细节，增强多光谱影像色彩，突出不同地类之间的光谱差异。

4. 影像清晰度分析与处理

影像色彩分析与去云处理，分别从主色调、亮度空间分布均匀程度和亮度统计分布特性 3 个方面开展了研究工作，其结果能够很好地和主观评价结果对应。使用匀色方法将对一幅或多幅影像内的亮度、反差、色调、饱和度分布不均匀现象进行校正，使影像各个位置的亮度、反差、色调、饱和度基本一致。

影像中云雾量以及云区位置对于地物判读影响较大，将影像中云量作为重要评价指标。要求影像中云层覆盖应少于 3%，且不能覆盖重要地物，分散的云层，其面积总和不应超过单幅面积的 8% 即为合格。对云遮挡地区，采用同态滤波法和影像替换等方法进行去云处理。

项目影像时相应为项目实施效果评估年生长季，并尽可能与措施布局阶段对项目区现状解译时使用影像时相相近，项目区影像可以使用卫星影像（见图5-18），也可以使用无人机影像。

开展现状解译工作之前需要建立项目区解译标志库。解译标志库包括水土保持措施解译标志和土地利用类型解译标志，每种类型水土保持措施和土地利用的解译标志样本不少于2个。水土保持土地利用现状名称及代码按照表5-11执行。

通过解译评估年土地利用、水土保持措施和土壤侵蚀状况，结合措施布局、措施变更图

图5-18 评估年项目区遥感影像

中的水土保持措施规模，评估项目区水土保持措施的实施效果。主要包括以下评估内容。

表5-11　　　　　　　　　　水土保持土地利用现状名称及代码

一级类名称	一级类代码	二级类名称	二级类代码
耕地	10	水田	11
		水浇地	12
		旱平地	13
		水平梯地	14
		坡式梯地	15
		坡耕地	16
		沟川（台）地	17
		坝滩地	18
		坝平地	19
园地	20	果园	21
		茶园	22
		其他园地	23
林地	30	有林地	31
		灌木林地	32
		疏林地	33
		苗圃	34
草地	40	天然牧草地	41
		人工牧草地	42
		其他草地	43
交通运输用地	50	铁路用地	51
		公路用地	52
		农村道路	53
		机场用地	54
		港口码头用地	55
		管道运输用地	56

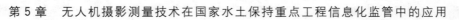

续表

一级类名称	一级类代码	二级类名称	二级类代码
水域及水利设施用地	60	河流水面	61
		湖泊水面	62
		水库水面	63
		坑塘水面	64
		沿海滩涂	65
		内陆滩涂	66
		沟渠	67
		水工建筑用地	68
		冰川及永久积雪	69
城镇村及工矿用地	70	城市	71
		建制镇	72
		村庄	73
		采矿用地	74
		风景名胜及特殊用地	75
其他土地	80	设施农用地	81
		田坎	82
		未利用地	83

（1）评估年水土流失治理度。

$$评估年水土流失治理度=\frac{评估年水土流失治理面积}{项目实施前项目区水土流失面积}\times100\%$$

（2）水土保持措施保存情况。按照措施类型分别计算保存率。

$$单类措施保存率=\frac{评估年该项措施图斑的实测措施数量}{竣工验收时该项措施图斑的措施数量}\times100\%$$

（3）林草植被覆盖情况。包括评估年林草覆盖率和提高林草覆盖率两项指标，按照百分比计算。

1）评估年林草覆盖率。

$$评估年林草覆盖率=\frac{评估年林草覆盖面积}{项目区总面积}\times100\%$$

2）提高林草覆盖率。

$$提高林草覆盖率=\frac{评估年林草覆盖面积-实施前林草覆盖面积}{项目区总面积}\times100\%$$

（4）水土流失消长情况。依据项目实施前和项目评估年土壤侵蚀判读结果，分析不同强度土壤侵蚀消长情况。

5.3.2 主要成果

以××地区2015年生态清洁小流域建设工程实施效果评估为例。

1. 土地利用解译标志

项目实施前遥感影像为2013年，实施后遥感影像为2017年，共建立解译标志5处，见表5-12。无人机可辅助建立解译标志。

表 5-12　　国家水土保持重点工程项目解译标志

编号	解译标志位置		土地利用类型	措施类型	影像空间分辨率/m	影像截图	现场照片
	经度	纬度					
1	113°62′20″	28°60′00″	水库水面	水土保持林、山塘坝堰	2		
2	113°62′50″	28°60′33″	水库水面	水土保持林、山塘坝堰	2		
3	113°63′90″	28°58′06″	水田	山塘坝堰	2		
4	113°62′30″	28°59′26″	林地	人工湿地	2		
5	113°62′40″	28°57′60″	水田	山塘坝堰、封禁治理	2		

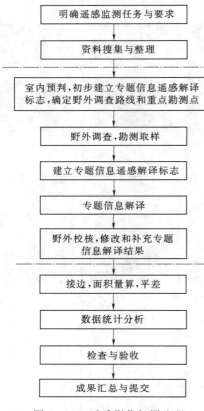

图 5 - 19　遥感影像解译流程

2. 土地利用解译

在 GIS 软件的支持下，结合相关资料，按照土地利用分类和土地利用类型解译标志获取典型县土地利用类型数据信息，对项目区项目实施前和评估年土地利用数据进行解译。遥感影像解译流程见图 5 - 19。可利用无人机生产的正射影像对区域数据进行补充。

土地利用遥感解译精度在 1：10000 以上，矢量图内弧段应封闭，图形应建立拓扑关系。当土地利用边界勾绘偏差不超过 2 个像元或 2 个栅格，各图斑土地利用信息判断无误，提取的最小成图图斑面积应为 $4mm^2$，条状图斑短边长度不应小于 1mm。根据结果填写项目区土地利用统计表。

土地利用解译具体步骤如下。

（1）打开 ArcMap，加载影像。

（2）在 ArcMap 页面中"目录"下文件夹或数据库点击右键：新建 → Shapefile（s），见图 5 - 20。

（3）新建图层名称为"TDLY -××省-××县-××流域 - PG - 2013 年"，要素类型选择"面"，单击"确定"，此处时间为项目实施前年份，见图 5 - 21。

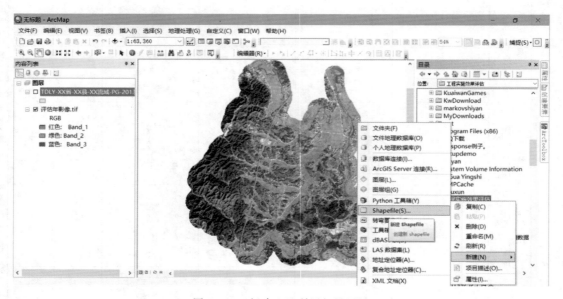

图 5 - 20　新建土地利用矢量图层

图 5-21　新建图层命名

（4）定义投影，统一地理坐标系为 CGCS2000。通过 "ArcToolbox" →投影和变换→
定义投影，"输入数据集或要素类"选择新创建的矢量图层，"坐标系"选择 CGCS2000，
点击 "确定"，见图 5-22。

图 5-22　定义投影

（5）点击 "编辑器"，开始编辑，见图 5-23。然后点击 "创建要素"，选择创建的矢
量图层，即可进行土地利用类型解译，见图 5-24。

（6）为各地块填写土地利用类型相应属性：右键图层 "TDLY-××省-××县-××
流域-PG-2013 年"，打开属性表，见图 5-25，即可对属性表进行编辑。土地利用矢量
图属性表结构见表 5-13。最终得到项目区 2013 年（项目实施前）和 2017 年（项目实施
后）土地利用图，见图 5-26 和图 5-27。

图 5-23　开始编辑

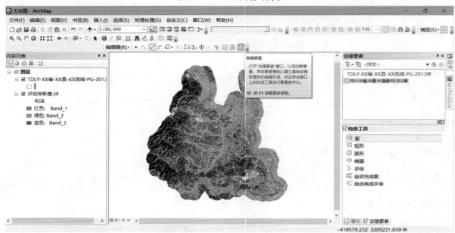

图 5-24　创建要素

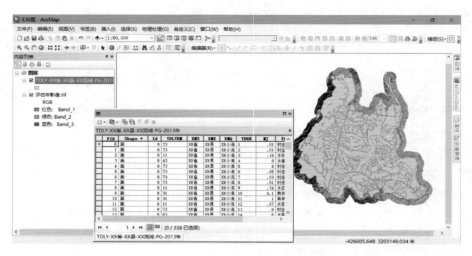

图 5-25　土地利用矢量图属性表编辑

表 5-13　　　　　　　　　　　　土地利用矢量图属性表结构

序号	字段名称	字段代码	字段类型	字段长度	有效数字
1	项目省	XMS	文本	100	—
2	项目县	XMX	文本	100	—
3	行政区划代码	XZDM	文本	20	—
4	项目区	XMQ	文本	100	—
5	图斑编号	TBBH	文本	100	—
6	土地利用类型	TDLYLX	文本	100	—
7	土地利用编码	TDLYBM	文本	100	—
8	面积	MJ	双精度	—	2
9	备注	BZ	文本	100	—

注　面积计量单位为 hm^2。

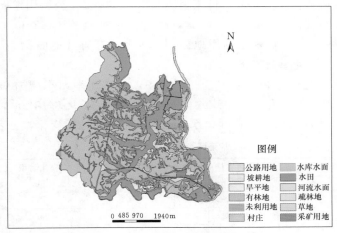

图 5-26　2013 年项目区土地利用图

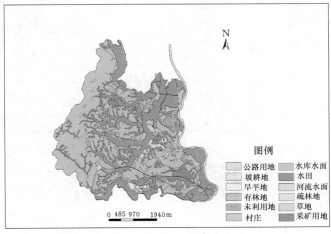

图 5-27　2017 年土地利用图

（7）填写土地利用统计表，见表 5-14。

解译 2013 年项目实施前项目区各类土地利用类型总面积 25.25km^2，其中，解译采矿用地面积 0.3km^2，草地面积 0.11km^2，村庄用地面积 2.47km^2，公路用地面积 0.27km^2，

表 5－14　　　　　　　　　　　　＿＿＿县＿＿＿项目区土地利用统计表

一级类名称	二级类名称	项目实施前面积 /hm²	评估年面积 /hm²	变化面积 /hm²	变化幅度 /%

注　数据保留 2 位小数。

旱平地面积 0.23km²，河流水面面积 0.87km²，坡耕地面积 0.42km²，疏林地面积 0.14km²，水库水面面积 0.43km²，水田面积 8.0km²，未利用地面积 0.31km²，有林地面积 11.71km²；解译各类土地利用类型图斑数量共计 339 个。

评估年 2018 年解译项目区各类土地利用类型总面积 25.25km²，其中，解译采矿用地面积 0.43km²，草地面积 0.11km²，村庄用地面积 2.49km²，公路用地面积 0.26km²，旱平地面积 0.23km²，河流水面面积 0.87km²，坡耕地面积 0.42km²，水库水面面积 0.43km²，水田面积 7.90km²，未利用地面积 0.31km²，有林地面积 11.79km²；解译各类土地利用类型图斑数量共计 338 个。

2013—2018 年各地类面积无明显变化，其中，采矿用地面积增加 0.14km²，村庄面积增加 0.02km²，有林地增加 0.08km²，疏林地面积减少 0.14km²，水田面积减少 0.1km²。旱平地、河流水面、坡耕地、水库水面、未利用地无变化，见表 5－15。

表 5－15　　　　　　　　　　　　小流域土地利用统计表

一级类名称	二级类名称	项目实施前面积 /hm²	评估年面积 /hm²	变化面积 /hm²	变化幅度/%
耕地	水田	799.52	789.95	−9.57	−1.20
	坡耕地	42.34	42.34	0.00	0.00
	旱平地	23.04	23.04	0.00	0.00
林地	有林地	1170.73	1178.89	8.16	0.70
	疏林地	13.55	0	−13.55	−100.00
草地	天然牧草地	10.53	10.53	0.00	0.00
交通运输用地	公路用地	26.78	26.41	−0.37	−1.38
水域及水利设施用地	河流水面	87.24	87.24	0.00	0.00
	水库水面	43.14	43.14	0.00	0.00
城镇及工矿用地	村庄	247.3	249.06	1.76	0.71
	采矿用地	29.67	43.21	13.57	45.74
其他土地	未利用地	31.45	31.45	0.00	0.00

3. 水土保持措施解译

根据遥感影像特征，基于项目区措施布局图，人工勾绘评估年水土保持措施现状图斑，对点状工程措施、线状工程措施和面状工程措施分别进行遥感解译，填写项目区水土保持措施统计表，见表 5－16。

水土保持措施解译具体步骤如下：

（1）加载工程实施后年份影像数据。

（2）新建点状矢量图层，名称为"DZCS－××省－××县－××小流域－PG－2015"，要素类型选择"点"，单击"确定"，见图 5－28。点状措施分布见图 5－29，对项目区点状措施进行解译并编辑属性表，见表 5－17 和图 5－30。

表 5 - 16 ＿＿＿县＿＿＿项目区水土保持措施统计表

水土保持措施名称		实施前水土保持措施	项目布设水土保持措施	评估年水土保持措施
总措施面积/ hm²				
综合治理措施 /hm²	石坎梯田			
	土坎梯田			
	水保林			
	经果林			
	保土耕作			
	封禁治理			
其他措施	水蚀坡林地整治			
	地埂植物带			

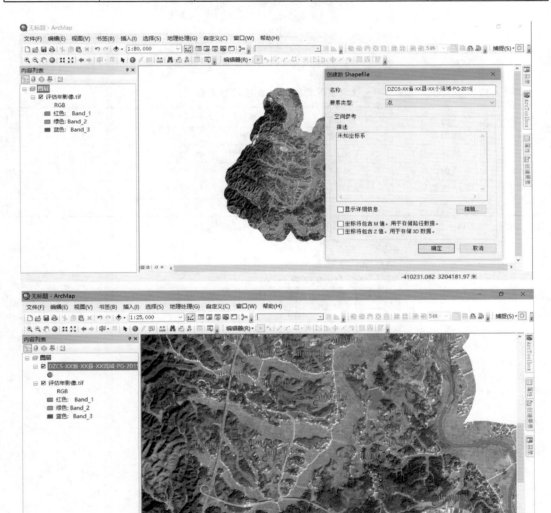

图 5 - 28　点状措施解译

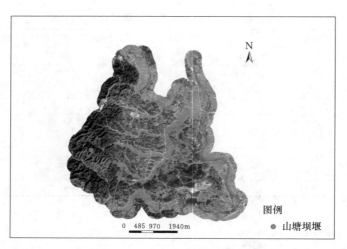

图 5－29　点状措施分布图

表 5－17　　点状水土保持措施矢量图属性表结构

序号	字段名称	字段标识	类型	长度	计量单位
1	图斑编码	TBBM	字符串型	6	无量纲
2	措施名称	CSMC	字符串型	30	无量纲
3	措施代码	CSDM	字符串型	20	无量纲
4	措施数量	CSSL	数值型	2	个、处、座、套
5	备注	BZ	字符串型	1000	无量纲

注　图斑编码为各点状水土保持措施图斑的编码，以 1，2，3，…顺序编码。

表

DZCS-XX省-XX县-XX流域-PG-2015

FID	Shape	CS[illegible]C	TBBH	CSD[illegible]	BZ
0	点	山塘坝堰	1	stby3	
1	点	山塘坝堰	2	stby3	
2	点	山塘坝堰	3	stby3	
3	点	山塘坝堰	4	stby3	
4	点	山塘坝堰	5	stby3	
5	点	山塘坝堰	6	stby3	
6	点	山塘坝堰	7	stby3	
7	点	山塘坝堰	8	stby3	
8	点	山塘坝堰	9	stby3	
9	点	山塘坝堰	10	stby3	
10	点	山塘坝堰	11	stby3	
11	点	山塘坝堰	12	stby3	
12	点	山塘坝堰	13	stby3	
13	点	山塘坝堰	14	stby3	
14	点	山塘坝堰	15	stby3	
15	点	山塘坝堰	16	stby3	
16	点	山塘坝堰	17	stby3	
17	点	山塘坝堰	18	stby3	
18	点	山塘坝堰	19	stby3	
19	点	山塘坝堰	20	stby3	
20	点	山塘坝堰	21	stby3	
21	点	山塘坝堰	22	stby3	

1　(0 / 28 已选择)

DZCS-XX省-XX县-XX流域-PG-2015

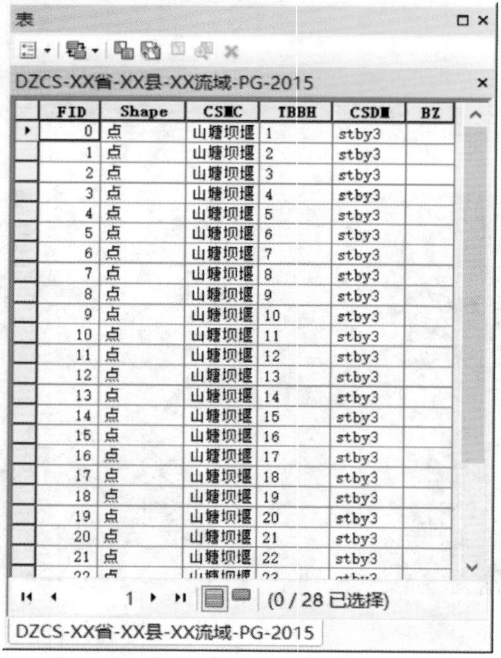

图 5－30　点状措施属性表编辑

（3）新建线状矢量图层，名称为"XZCS-××省-××县-××小流域-PG-2015"，要素类型选择"折线"，单击"确定"，见图5-31。线状措施分布见图5-32，对项目区线状措施进行解译并编辑属性表，见表5-18和图5-33。

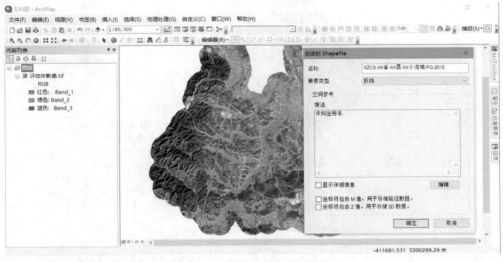

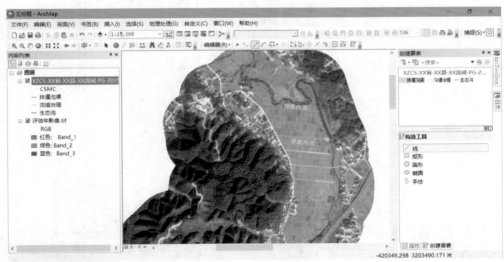

图5-31　线状措施解译

表5-18　　　　　　　　　　线状水土保持措施矢量图属性表结构

序号	字段名称	字段标识	类型	长度	计量单位
1	图斑编码	TBBM	字符串型	6	无量纲
2	措施名称	CSMC	字符串型	30	无量纲
3	措施代码	CSDM	字符串型	20	无量纲
4	措施数量	CSSL	数值型	保留两位小数位	km
5	备注	BZ	字符串型	1000	无量纲

注　图斑编码为各线状水土保持措施图斑的编码，以1，2，3，…顺序编码。

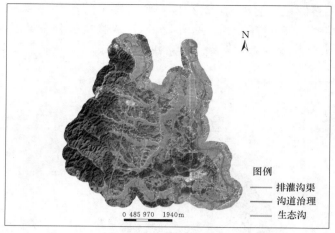

图5-32　线状措施分布

图5-33　线状措施属性表编辑

（4）新建面状矢量图层，名称为"MZCS-××省-××县-××小流域-PG-2015"，要素类型选择"面"，单击"确定"，见图5-34。面状措施分布见图5-35，对项目区线状措施进行解译并编辑属性表，见表5-19和图5-36。

表5-19　　　　　　　　　　面状水土保持措施矢量图属性表结构

序号	字段名称	字段标识	类型	长度	计量单位
1	图斑编码	TBBM	字符串型	6	无量纲
2	措施名称	CSMC	字符串型	30	无量纲
3	措施代码	CSDM	字符串型	20	无量纲
4	措施数量	CSSL	数值型	保留两位小数位	hm²
5	备注	BZ	字符串型	1000	无量纲

注　图斑编码为各面状水土保持措施图斑的编码，以1，2，3，…顺序编码。

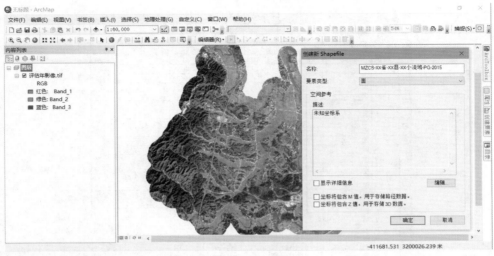

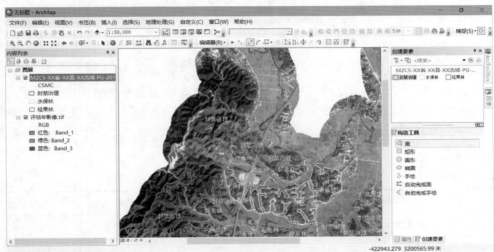

图 5-34　面状措施解译

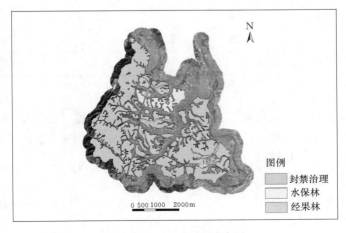

图 5-35　面状措施分布图

FID	Shape *	Id	CSMC	TBBH	CSDM	MJ	BZ
0	面	0	封禁治理	1	fjzl3	58.33	
1	面	0	封禁治理	2	fjzl3	10.39	
2	面	0	封禁治理	3	fjzl3	63.24	
3	面	0	封禁治理	4	fjzl3	127.45	
4	面	0	封禁治理	5	fjzl3	369.9	
5	面	0	经果林	6	jgl3	24.81	
6	面	0	经果林	7	jgl3	8.6	
7	面	0	封禁治理	8	fjzl3	9.58	
8	面	0	经果林	9	jgl3	3.47	
9	面	0	经果林	10	jgl3	12.35	
10	面	0	水保林	11	sbl3	9.08	
11	面	0	水保林	12	sbl3	12.2	
12	面	0	经果林	13	jgl3	17.59	
13	面	0	经果林	14	jgl3	14.54	
14	面	0	封禁治理	15	fjzl3	12.41	
15	面	0	封禁治理	16	fjzl3	181.94	
16	面	0	封禁治理	17	fjzl3	7.64	
17	面	0	封禁治理	18	fjzl3	12.57	
18	面	0	封禁治理	19	fjzl3	157.5	
19	面	0	经果林	20	jgl3	34.99	
20	面	0	封禁治理	21	fjzl3	7.56	
21	面	0	封禁治理	22	fjzl3	11.96	

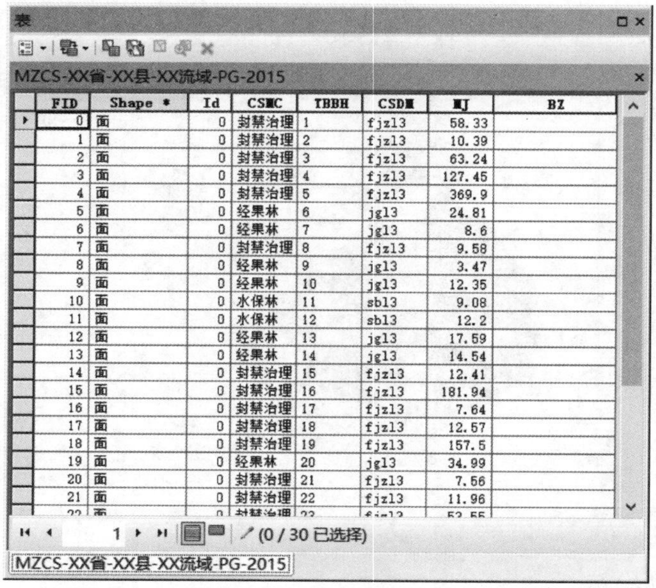

图 5-36　面状措施属性表编辑

对××县 2015 年生态清洁小流域建设工程××小流域水土保持措施进行解译，共解译各类水保措施面状数据 13.76km^2，其中封禁治理面积 11.73km^2，水土保持林地面积 0.87km^2，经果林面积 1.16km^2；共解译线数据长度 11.02km，共解译点数据山塘坝堰 28 个，见表 5-20。

表 5-20　××县××小流域水土保持措施统计表

水土保持措施名称		项目布设水土保持措施	评估年水土保持措施
总措施面积/hm^2		1431.56	1376.32
面状措施/hm^2	封禁治理	1219.62	1173.12
	水保林	90.86	86.94
	经果林	121.08	116.26
线状措施/km	沟、渠	11.24	11.02
点状措施/座	山塘整治、拦水坝	28	28

4. 野外核查

野外核查内容包括：遥感影像不足以判别的地物特征，通过野外核查进行地类判别确认；典型水土保持措施分布地区。××县 2015 年生态清洁小流域建设工程××小流域野外核查共 5 个地点，各点具体核查信息见表 5-21。

5. 林草植被覆盖度反演

反演林草植被覆盖度需要多光谱数据，除传统的遥感影像外，也可利用无人机搭载多光谱传感器现场采集多光谱影像数据，见图 5-37。

表 5-21

野 外 核 查 点 统 计 表

编号	措施类型	土地利用	东经	北纬	影 像 截 图	现 场 图 片
1	水土保持林、山塘坝堰	水库水面	113°62′20″	28°60′00″		
2	水土保持林、山塘坝堰	水库水面	113°62′50″	28°60′33″		
3	山塘坝堰	水田	113°63′90″	28°58′06″		
4	人工湿地	林地	113°62′30″	28°59′26″		
5	山塘坝堰、封禁治理	水田	113°62′40″	28°57′60″		

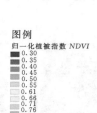

图 5 - 37　基于无人机搭载多光谱相机获取的影像数据

采用遥感方法进行植被覆盖度估算，主要基于 $NDVI$ 像元二分模型的方法。计算流程为：计算地物表观反射率→计算归一化植被指数（$NDVI$）→利用像元二分模型反演植被盖度。

（1）计算地物表观反射率。假设在大气层顶，有一个朗勃特（Lanbertian）反射面。太阳光以天顶角 θ 入射到该面，该表面的辐照度为 $E = ESUN \cos\theta / D^2$，该表面的辐射出射度 $M_2 = \pi L$。根据 Lanbertian 反射率定义，大气层顶的表观反射率为

$$\rho = \frac{M}{E} = \frac{\pi L D^2}{ESUN \cos\theta}$$

式中　ρ——大气层顶（TOA）表观反射率（无量纲）；

　　　L——大气层顶进入卫星传感器的光谱辐射量度；

　$ESUN$——大气层顶的平均太阳光谱辐照度；

　　　θ——太阳的天顶角；

　　　D——日地之间距离，以天文单位表示，其值在 $0.983 \sim 1.017$ 之间，当计算精度要求不高时，可以取 1。

（2）计算归一化植被指数。$NDVI$ 是植被生长状态及植被覆盖度的最佳指示因子，且由灰度值转换成反射率后计算出的 $NDVI$ 可以消除大气对两波段不同非线性衰减的影响。利用归一化植被指数公式计算出 $NDVI$，即

$$NDVI = (NIR - R) / (NIR + R)$$

式中　NIR——近红外波段的反射率；

　　　R——红波段的反射率。

（3）利用像元二分模型反演植被盖度。利用 $NDVI$ 结合像元二分模型

$$f = (I_{NDVI} - I_{NDVI_{soil}}) / (I_{NDVI_{veg}} - I_{NDVI_{soil}})$$

式中 I_{NDVI}——归一化植被指数；

$I_{NDVI_{soil}}$——裸地归一化植被指数；

$I_{NDVI_{veg}}$——全植被归一化植被指数。

理论上，$I_{NDVI_{soil}}$值大小接近于 0，$I_{NDVI_{veg}}$值接近于 1；但是，在实际工作中，由于不同时期植被长势不同以及受临近像元的影响，其值要根据研究区具体情况选取。根据获得的 NDVI 图像统计直方图确定 NDVI 值的置信区间（5%～95%），进而确定 $I_{NDVI_{soil}}$ 和 $I_{NDVI_{veg}}$，逐个像元计算出植被盖度。具体操作流程如下。

1）将遥感影像和矢量 shp 文件添加至 ENVI 中，见图 5-38。

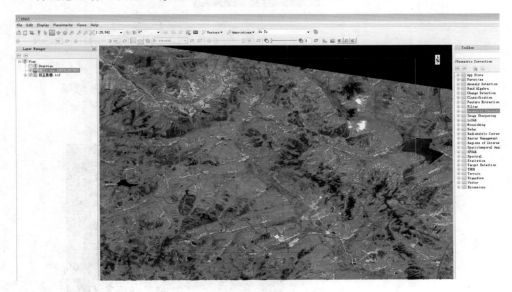

图 5-38　添加数据

2）用矢量裁剪影像，另存为 tif 格式，见图 5-39。

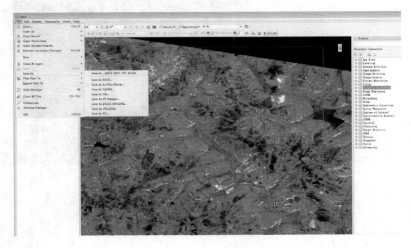

图 5-39（一）　裁剪影像

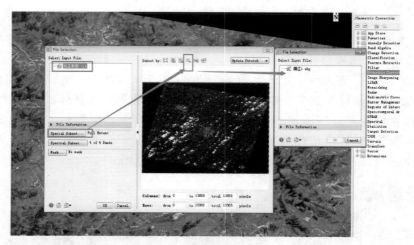

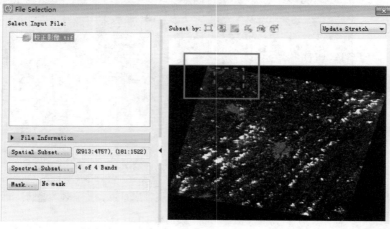

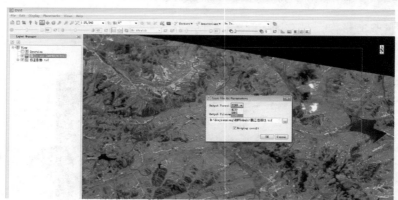

图 5-39（二）　裁剪影像

　　裁剪后的影像，ENVI 中裁剪图像是按照矢量边界所在的矩形框裁剪，见图 5-40。

　　3）计算 *NDVI*，见图 5-41。使用 Band Math 工具（可在 tolbox 搜索），并输入计算式 $(b_1/10000.0 - b_2/10000.0)/(b_1/10000.0 + b_2/10000.0)$，$b_1$ 和 b_2 分别选择红波段和近红波段，不同影像对应的红波段、近红波段不一致，该影像为 4 波段和 3 波段，波段除以

图 5-40　影像裁剪结果

10000.0 是因为对影像进行大气校正处理之后，影像值扩大了 10000 倍，计算时还原，
NDVI 结果见图 5-42。

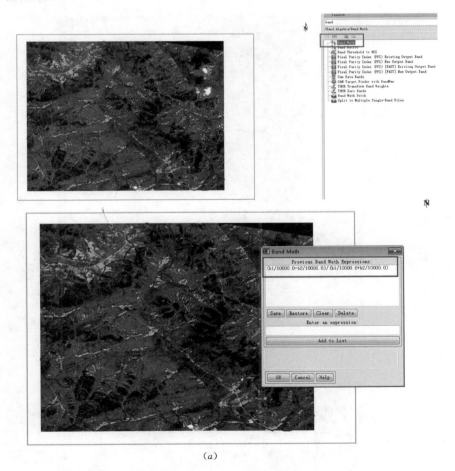

(*a*)

图 5-41（一）　计算 *NDVI*

229

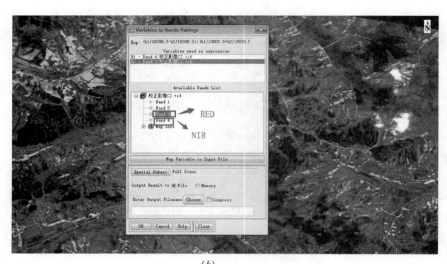

(b)

图 5-41（二） 计算 NDVI

图 5-42 NDVI 结果图

4）查看 *NDVI* 的统计特征最大值、最小值，见图 5 - 43。

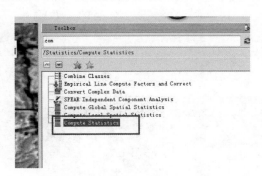

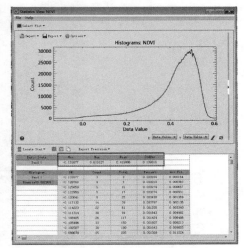

0.517038	25399	1596638	1.390628	87.417880
0.519947	24926	1621562	1.364731	88.782611
0.522856	23715	1645277	1.298427	90.081037
0.525765	22830	1668107	1.249972	91.331009
0.528674	21412	1689519	1.172335	92.503344
0.531583	19911	1709430	1.090153	93.593497
0.534492	18085	1727515	0.990177	94.583674
0.537401	**16614**	**1744129**	**0.909638**	**95.493312**
0.540310	14824	1758953	0.811633	96.304945
0.543219	12652	1771605	0.692713	96.997658
0.546128	11083	1782688	0.606809	97.604467
0.549037	9689	1792377	0.530485	98.134952
0.551946	7430	1799807	0.406802	98.541754
0.554855	6654	1806461	0.364315	98.906069
0.557764	5136	1811597	0.281203	99.187272
0.560673	4270	1815867	0.233788	99.421060

累积频率为 95.49%，*NDVI* = 0.537401

0.159226	1882	76425	0.103042	4.184367
0.162135	1931	78356	0.105725	4.290092
0.165044	1965	80321	0.107586	4.397678
0.167953	1967	82288	0.107696	4.505374
0.170862	2011	84299	0.110105	4.615479
0.173772	2068	86367	0.113226	4.728705
0.176681	2025	88392	0.110871	4.839576
0.179590	**2052**	**90444**	**0.112350**	**4.951926**
0.182499	2188	92632	0.119796	5.071721
0.185408	2198	94830	0.120343	5.192065
0.188317	2342	97172	0.128228	5.320292
0.191226	2331	99503	0.127625	5.447918
0.194135	2452	101955	0.134250	5.582168
0.197044	2204	104159	0.120672	5.702840

累积频率为 5% 对应的 *NDVI* = 0.17959

图 5 - 43　查看 *NDVI* 统计特征

5）计算植被覆盖度 $FVC=(NDVI-NDVI_{soil})/(NDVI_{veg}-NDVI_{soil})$。

最大值为 0.610127，最小值为 -0.131677，5％累积处对应的 $NDVI=0.179590$，95％累积处对应的 $NDVI=0.537401$。

第 1 种计算方式：$NDVI_{veg}$、$NDVI_{soil}$ 取最大值、最小值，见图 5-44。

计算公式为：（b1+0.131677）/（0.610127+0.131677），b1 选择计算的 $NDVI$。

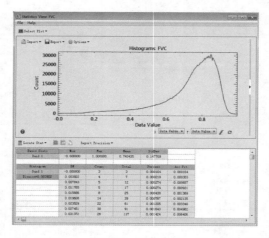

图 5-44　$NDVI_{veg}$、$NDVI_{soil}$ 取最大值、最小值计算覆盖度

第 2 种计算方式：$NDVI_{veg}$、$NDVI_{soil}$ 分别取累积频率的值，见图 5-45。

$$NDVI_{soil}=NDVI_{min}+(NDVI_{max}-NDVI_{min})\times5\%,\ NDVI_{soil}=-0.0946$$

$$NDVI_{veg}=NDVI_{max}-(NDVI_{max}-NDVI_{min})\times5\%,\ NDVI_{veg}=0.5731$$

在 band math 中输入 FVC 计算公式：

（b1 ge -0.0946 and b1 lt 0.5731）*（b1+0.0946）/（0.5731+0.0946）+（b1 ge 0.5731）*1+（b1 lt -0.0946）*0，b1 选择上面计算的 $NDVI$。

该公式的意思为：当 $NDVI=-0.0946\sim0.5731$ 时，使用 FVC 公式值；当 $NDVI>0.5731$ 时，被认为是全植被，$FVC=NDVI$；当 $NDVI<-0.0946$ 时，无植被覆盖，覆盖度为 0。

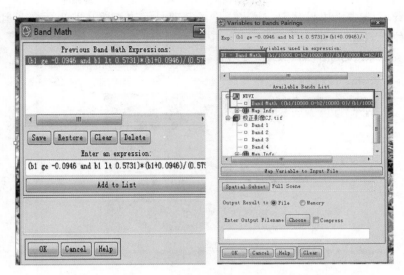

图 5 - 45　$NDVI_{veg}$、$NDVI_{soil}$分别取累积频率的值计算覆盖度

计算结果图和统计特征见图 5 - 46。

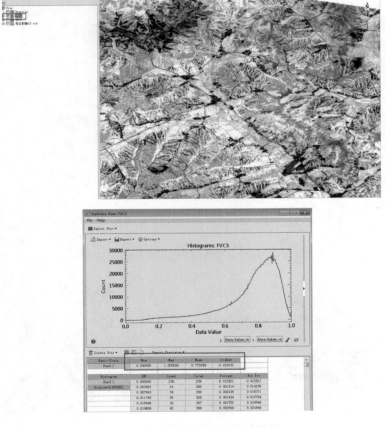

图 5 - 46　计算结果图和统计特征

6）在 ArcGIS 中沿边界裁剪，ENVI 中的裁剪是沿边界所在的矩形框裁剪。

加载两种 FVC 的栅格图像到 ArcGIS 中，使用 extract by mask 工具裁剪范围内的影像，右键 batch 可以批量裁剪影像，见图 5 - 47。

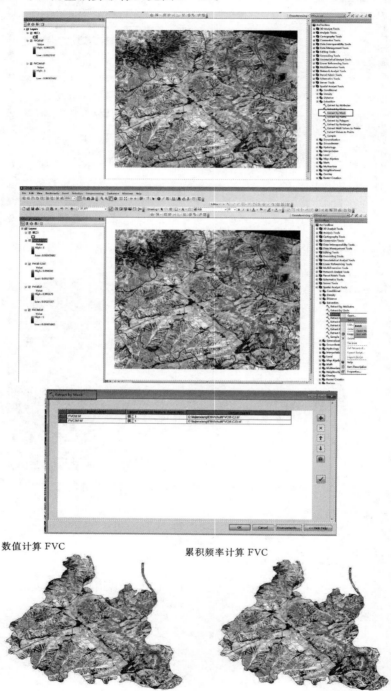

图 5 - 47　结果裁剪

7）两种计算方法结果的简单比较，见图 5 - 48。两者整体上结果接近，累积频率方法在无植被或低覆盖区域结果比最值法的更合理。

植被覆盖地区的 FVC，累积频率法计算结果高于最值法

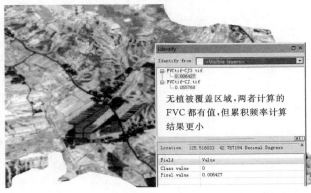

无植被覆盖区域，两者计算的 FVC 都有值，但累积频率计算结果更小

图 5 - 48 结果比较

8）基于反演覆盖度数据按照分级标准进行分级，建立属性表，填写统计表。

A. 建立项目区评估年林草植被覆盖度矢量文件，将矢量文件以"ZBFGD -项目省 -项目县 -项目区 - PG -遥感影像拍摄年月"的形式命名，ZBFGD 为"植被覆盖度"汉语拼音首字母，"PG"为"评估"的汉语拼音首字母，表示评估年项目区林草植被覆盖度数据。

B. 填写林草植被覆盖度属性信息，属性表结构见表 5 - 22，林草植被覆盖度分类分级标准见表 5 - 23，林草植被覆盖度统计表见表 5 - 24。

9）林草覆盖度结果。经解译，2013 年措施实施前项目区林草总面积为 11.95km²，占总土地面积的 47.33%。以高覆盖为主，面积为 717.68hm²，占林草面积的 60.06%；中高覆盖次之，为 196.34hm²，占林草面积的 16.43%；低覆盖、中覆盖、中低覆盖面积的比例分别是 10.31%、7.97%、5.23%。2013 年流域植被覆盖度平均为 70.40%，见表 5 - 25。

表 5 - 22　　　　　　　　　　　　林草植被覆盖度属性表结构

序号	字段名称	字段代码	字段类型	字段长度	有效数字
1	项目省	XMS	文本	100	—
2	项目县	XMX	文本	100	—
3	行政区划代码	XZDM	整型	20	—
4	项目区	XMQ	文本	100	—
5	林草植被覆盖度代码	FGDDM	整型	10	—
6	林草植被覆盖度分类分级	FGDFJ	文本	12	—
7	面积	MJ	双精度	—	2
8	备注	BZ	文本	100	—

注　面积计量单位为 hm²。

表 5 - 23　　　　　　　　　　不同侵蚀类型林草植被覆盖度分级表

覆盖度	等级	高覆盖	中高覆盖	中覆盖	中低覆盖	低覆盖
	代码	GFG	ZGFG	ZFG	ZDFG	DFG
水力侵蚀		75%～100%	60%～75%	45%～60%	30%～45%	0%～30%
风力侵蚀		70%～100%	50%～70%	30%～50%	10%～30%	0%～10%

表 5 - 24　　　　　　　　____县____项目区林草植被覆盖度统计表

不同覆盖度林草地面积及比例		水力侵蚀区	风力侵蚀区	合计
高覆盖	面积/hm²			
	占林草面积的比例/%			
中高覆盖	面积/hm²			
	占林草面积的比例/%			
中覆盖	面积/hm²			
	占林草面积的比例/%			
中低覆盖	面积/hm²			
	占林草面积的比例/%			
低覆盖	面积/hm²			
	占林草面积的比例/%			

注　数据保留 2 位小数。

表 5 - 25　　　　　　　　2013 年不同林草植被覆盖度水力侵蚀区统计表

不同覆盖度林草地面积及比例		水力侵蚀区
高覆盖	面积/hm²	717.68
	占林草面积的比例/%	60.06
中高覆盖	面积/hm²	196.34
	占林草面积的比例/%	16.43
中覆盖	面积/hm²	95.21
	占林草面积的比例/%	7.97

续表

不同覆盖度林草地面积及比例		水力侵蚀区
中低覆盖	面积/hm²	62.53
	占林草面积的比例/%	5.23
低覆盖	面积/hm²	123.24
	占林草面积的比例/%	10.31
流域植被平均覆盖度	占林草面积的比例/%	70.40

2017 年评估年项目区林草总面积为 11.91km²，占总土地面积的 47.17%。以高覆盖为主，面积为 800.75 hm²，占林草面积的 67.23%；低覆盖次之，为 129.49hm²，占林草面积的 10.87%，中高覆盖、中覆盖、中低覆盖面积的比例分别是 9.12%、6.77%、6.01%。2018 年流域植被覆盖度平均为 75.90%，见表 5-26。

表 5-26　　　　　　　　　2017 年不同林草植被覆盖度水力侵蚀区统计表

不同覆盖度林草地面积及比例		水力侵蚀区
高覆盖	面积/hm²	800.75
	占林草面积的比例/%	67.23
中高覆盖	面积/hm²	108.60
	占林草面积的比例/%	9.12
中覆盖	面积/hm²	80.61
	占林草面积的比例/%	6.77
中低覆盖	面积/hm²	71.55
	占林草面积的比例/%	6.01
低覆盖	面积/hm²	129.49
	占林草面积的比例/%	10.87
流域植被平均覆盖度	占林草面积的比例/%	75.90

6. 土地坡度计算

表面模型主要有栅格表面和 TIN 表面两类，此次覆盖项目县 1:10000 比例尺 DEM 高程数据属于 TIN 表面类型数据，为获得 TIN 表面的坡度及对应的面积数据，需对 DEM 数据做如下处理。

（1）导入数据。选择 ArcGIS "三维分析"下"表面分析"的坡度工具，输入 DEM 数据，见图 5-49。

（2）参数设置。选择坡度单位，设定高程转换系数，设置输出数据的栅格大小、输出路径和文件名，见图 5-50。在"输入栅格"中输入 DEM 数据，"输出栅格"为保存路径，"输出测量单位"选"DEGREE"（度），点击"确定"进行坡度计算，见图 5-51。

（3）坡度分级。坡度分级采用水土流失综合防治标准，见表 5-27。

表 5-27　　　　　　　　　　　　坡　度　分　级

坡度/(°)	0~5	5~15	15~25	25~35	≥35

图 5-49　导入 DEM 数据

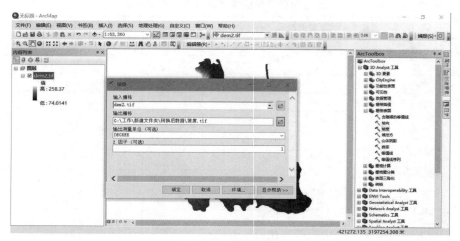

图 5-50　坡度工具

图 5-51　坡度计算结果

通过 ArcMap 中：ArcToolbox→Spatial Analyst 工具→重分类→重分类，对已生成的坡度数据按坡度分级进行重分类，见图 5-52。

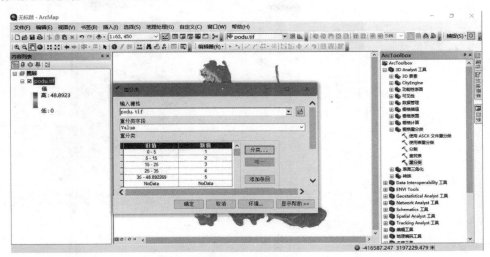

图 5-52　坡度栅格数据重分类

（4）对已分级的坡度栅格数据进行矢量化转换。方法为：ArcToolbox→转换工具→由栅格转出→栅格转面，矢量化之后的坡度数据可进行面积计算等进一步操作，见图 5-53 和图 5-54。

图 5-53　栅格数据矢量化

根据坡度分级标准对 2017 年××小流域进行坡度分级计算，得到表 5-28 所示的结果。可知，坡度位于 5°以下面积为 1064 hm²，占总面积的 42.13%；坡度位于 5°～15°面积为 946 hm²，占总面积的 37.47%；坡度位于 15°～25°面积为 346hm²，占总面积的 13.70%；坡度位于 25°～35°面积为 133hm²，占总面积的 5.27%；坡度大于 35°面积为 36hm²，占总面积的 1.43%。

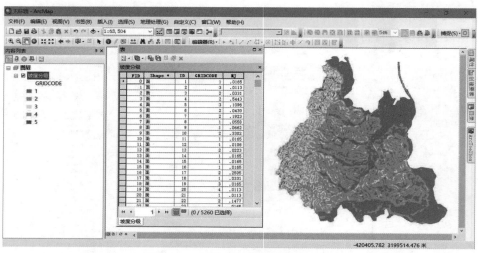

图5-54 坡度矢量数据属性表编辑

表5-28 ××小流域土地坡度组成表

小流域名称	总面积/km²	土地坡度组成结构									
		<5°		5°~15°		15°~25°		25°~35°		>35°	
		面积/hm²	占总面积比例/%	面积/hm²	占总面积比例/%	面积/hm²	占总面积比例/%	面积/hm²	占总面积比例/%	面积/hm²	占总面积比例/%
××	25.25	1064	42.13	946	37.47	346	13.70	133	5.27	36	1.43

(5) 无人机采集制作DEM。由于DEM数据一般都为历史存档数据，时效性差，尤其对于坡改梯等治理工程实施后地形发生较大变化，传统的DEM数据成果无法实时反映最新地形情况，可利用无人机采集数据后生成最新DEM，以便于开展最新地形分析和侵蚀计算。

提取DEM的流程是通过inpho软件来实现的，见图5-55。inpho总部设在德国斯图加特，已有近30年的历史，是数字摄影测量的系统供应商，提供空中三角测量、平差、DTM提取、DTM编辑、LIDAR建模、正射纠正、镶嵌匀色等一整套系统。

MATCH-AT专业的空中三角测量加密软件，自动匹配有效连接点的功能非常强大。

MATCH-T DSM自动提取DTM/DSM软件，可以基于立体像对自动匹配密集点云，获得数字地形模型DTM或数字地表模型DSM。

OrthoMaster正射影像纠正模块，可以对单景或多景航片、卫片进行正射纠正。

OrthoVista影像镶嵌匀色软件，对正射纠正影像进行镶嵌、匀色、分幅。

DTMaster地理建模软件，对DTM/DSM进行修改。

UASMaster专门针对无人机影像处理的模块。

1) 数据预处理。无人机在进行航拍的过程中受气候、环境等因素的影响，很容易发生高程变化显著、影像间的比例尺差异大、旋偏角大，且影像有明显畸变。数据预处理的过程是要对航拍数据进行影像畸变的修正。

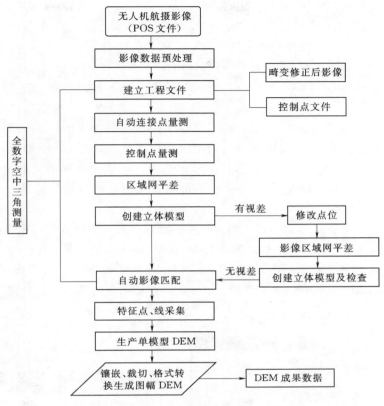

图 5-55 基于无人机数据生产 DEM 流程

首先使用 Pix4D 软件，对获取的无人机数据进行畸变改正作业。设置见图 5-56。

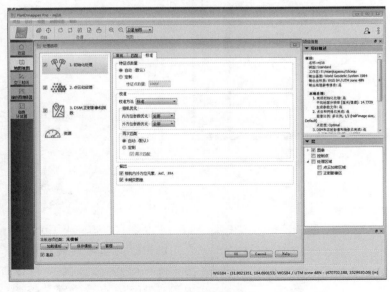

图 5-56 数据预处理

输出的畸变影像在 UNDISTORTED images 下。格式为 .tif。

2）建立工程。建立工程是全数字空中三角测量的基础，结合原始 POS 文件，以及进行畸变修正后的影像和实测控制点文件来建立工程。

A. 双击 UASMaster 图标，打开 UASMaster7.0.1 软件。

B. 单击 Project，再单击 New file，或者点击"UAS"图标，进入图 5-57 所示的工程界面。

在 Basics 中，定义目标工程的坐标系，Description 和 Operator 默认即可；Units 中，如果 POS 坐标已经转换为与控制点一致的平面坐标系统，选择 Local 即可，如无控制点或者 POS 未转换为平面坐标，需要选择 Other 选项，在里面选择需要的目标坐标系统。一般不建议这么做，最好都是把 POS 坐标提前转换为需要的目标坐标系，选择 Local 项即可。

Corrections 中，把地球曲率校正和大气校正都选中，一般默认都是选中的。

C. 新建相机。在 Elements 中，双击 Camera/Sensors，进入图 5-58 所示的界面。点击 Add，进入图 5-59 所示的界面。①CameraID 填入相机的英文名字即可；②Sensors type 默认 CCD frame；③Brand 中选择 Custom 即可；④点击 Edit，进入图 5-60 所示的界面。

图 5-57　建立工程

图 5-58　新建相机

图 5-59　添加相机

此项默认即可，见图 5-61。①在 Calibration 中，输入焦距、Sensors size、Pixel size 等参数；②Image Coordinate system 中，是相机位置的整体旋转，新工程按照默认即可，待工程建立完成后，可以查看影像航带内和航带间的相对位置是否摆放正确，如果

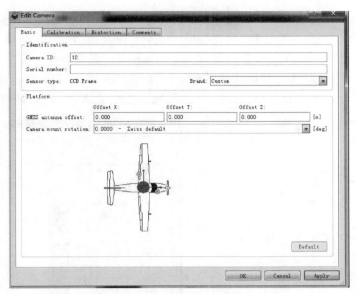

图 5-60 编辑相机对话框

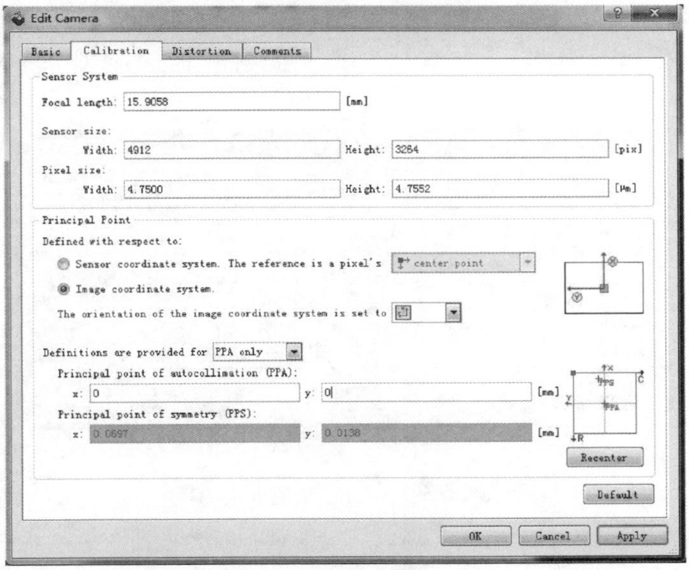

图 5-61 选择默认

不正确，再进行相机位置的调整，直至影像相对位置摆放正确；③Definitions are provided for 中一般选择 PPA，如果影像做过畸变改正，这里 X/Y 输入零值即可；④Distortion 中，影像畸变提前已经做过，这里选择 None/Off 即可；⑤Commets 缺省设置即可。

D. 输入影像。双击 Frame Type-Inport-TmageFile-Add，选择 Add File 或者 Add Directory，到需要的影像文件或者影像文件夹，在 Terrain height 中输入尽量准确的平均地形高，点击 Next，见图 5-62。

如果影像 ID 中不想出现字幕，勾选 Use digits only 即可，在 Deploy section from

postion 中，可以随意选择需要使用的字符段，之后点击 Next，直至 Finish。

E. 导入 POS 数据。双击 GNSS/IMU，Inport 需要导入的 POS 数据，按照 ID，X/Y/Z /OMEGA/PHI/KAPPA 进行分列，见图 5-63。点击 Next，进入 ID 列表，这里的 POS ID 必须与刚才导入影像选取的 ID 字符一一对应。一直点击 Next 即可。导入 POS 数据之后，点击 Standard Deviations，进行标准差设定，点击 Default 即可，见图 5-64。

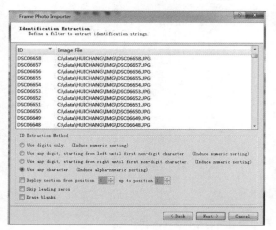

图 5-62 输入影像 　　　　　　　　　图 5-63 打开 GNSS/IMU 对话框

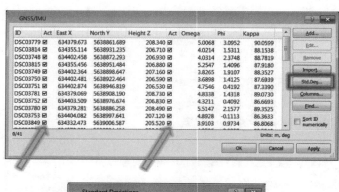

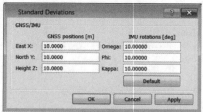

图 5-64 标准差设定

F. 导入控制点。双击 Points，操作步骤可参考导入 POS。

G. 航带生成。双击 Strips，进入航带生成界面，点击 Generation，见图 5-65。点击 Next，直到完成，中间会提示相片姿态角会与 POS 不一致，点击 Yes，这样软件就可以自动进行航带间影像旋转排序。

H. 点击保存，选择一个保存路径和工程名字即可。注意事项：工程建立完成后需对影像位置进行检查，具体操作见图 5-66。

图 5-65　航带生成

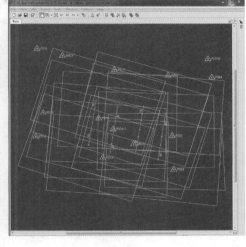

图 5-66　工程建立完成

如果影像是 tif 格式，需要在 Tools - Images Commander 中建立影像金字塔，点击"添加"，添加影像路径，全选所有影像，Process image overview，即可进行生成影像金字塔文件。

点击"添加"或者 Start UAS Measurement，进入图 5-67 所示的界面。

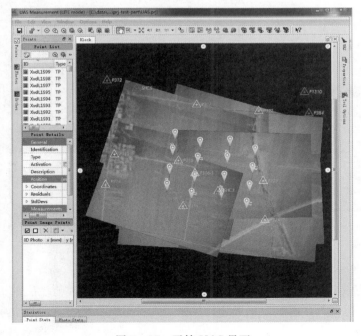

图 5-67　开始 UAS 界面

选中 Photos，选中所有影像，查看影像整体摆放正确，或把所有片子不显示模式，选取每条航带相邻片子和相邻航带相邻片子，改为显示模式，查看影像摆放是否正确，如果不正确，在新建工程文件相机选项中，旋转相机位置即可。

3）自动连接点量测。点击右侧工具竖栏 UAS，点击 ExTract，见图 5-68。

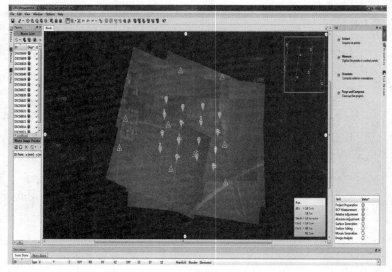

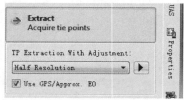

图 5-68　点击 ExTract

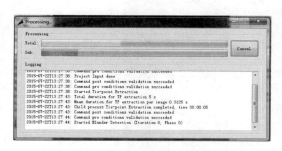

图 5-69　选择 Default 模式

选择 Default 模式即可，如果处理失败，飞行姿态很差，考虑使用 Low Resolutio 或者 Half Resolution，GPS 误差超过 10m，建议取消 Use GPS/Approx. EO，然后点击右侧开始按钮即可，见图 5-69。

进入图 5-69 所示的界面，等到进度完成即可。

（注意：默认是勾选 GPS/Approx. EO 的，GNSS 位置激活，并且参加到平差当中。）

4）控制点量测。在 Points 列表中，选取双击其中一个控制点，在 Multiaerial 中，会自动调出所有控制点所在的影像，可进行控制点点位量测和刺准，见图 5-70。

具体使用方法：

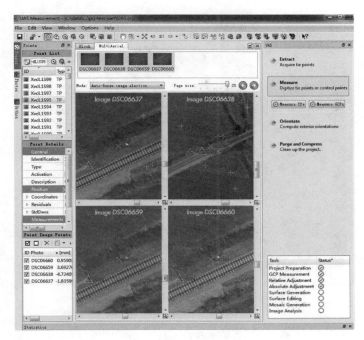

图 5-70 控制点量测

A. 点击"选择"图标。

B. 点击左侧点列表中任意一个控制点，弹出 MultiAerial 窗口，显示了所有控制点所在的图像。

C. 在"Page size"图框显示当前窗口一次显示照片数量，可以自己滑动来调节片子数量，绿色箭头用来翻页。

D. 把鼠标放在任意一张照片上，通过按住 Ctrl＋右键＋移动鼠标的方法，可以移动照片，使光标与实际控制点地物重合。

E. GPS 定位不准会导致预测点与实际地物点偏差较大，可以先在两张照片上刺点，然后双击点列表中的控制点，预测点位置会自动调整到实际控制点位置附近，方便刺点。

F. 点击"Track"图标，自动控制点刺入。

G. 完成控制点量测，然后保存。

5）区域网平差。控制点量测完毕，下一步进行整体平差，见图 5-71。

6）Orientate 平差。如果相机未做过检校，选择 Adjustment With Calibration 平差检校。这种平差检校有三种方式：①First Approximation。用于没有检校信息可用的情况，使用这种模式计算出一个检校模型，相当于初始粗略校准。②Extensive。针对所有相机做检校，通常需要一个检校模型来完成检校，一般是在 First Approximation 检校基础上做进一步检校。③Refine。当控制点刺完后，可以使用这一项做相机检校。

一般就是按照①—②—③的顺序进行。如果相机已经通过专业的机构做过检校，相机参数非常准确，一般不用这个模式，只需要使用 Adjustment Optional 平差检校即可。

Adjustment　Optional 平差检校有两种方式：①Default　仅用于影像已经做过畸变

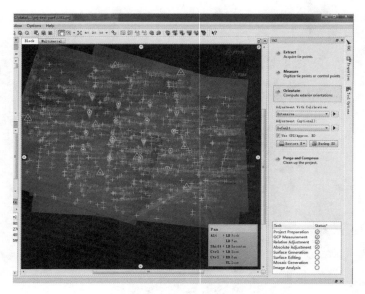

图 5-71　区域网平差

改正；②Recompute EO 重新计算外方位元素。

　　一般影像做过畸变处理，就是用 Adjustment　Optional 模式。

　　7）影像自动匹配。影像自动匹配的过程即是 DEM 自动提取的过程，使用空中三角测量加密成果利用 INPHO 软件 Match - T 模块进行 DTM 自动提取，具体步骤如下。

　　A. 打开软件并打开项目空中三角测量成果工程文件。后打开 Match - T 模块，见图 5 - 72。

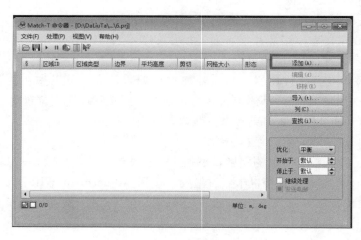

图 5-72　打开 Match - T 模块

　　B. 点击添加按钮后出现图 5 - 73 所示的界面。

　　C. 点击编辑器按钮，调出"参数集编辑设置"工具，选择"生成类型"，见图 5 - 74，红框处需要根据项目实际情况进行选择。其他选项默认即可。

图 5-73 参数设置

图 5-74 参数集编辑器设置

D. 选择完成后点击确定按钮，见图 5-75。根据项目实际情况填写 DEM 网格尺寸和成果输出路径。

E. 点击确定后，出现图 5-76 界面。点击"开始"，开始自动提取 DEM 数据。

图 5-75 参数设置

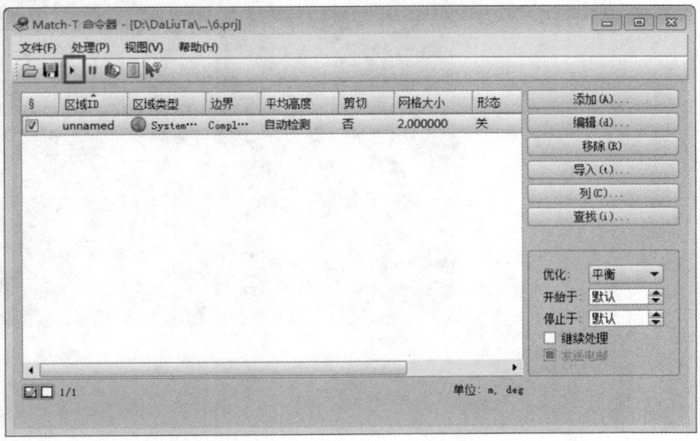

图 5-76 点击"开始"

F. 提取过程见图 5-77。

G. 出现图 5-78 画框处字样时，整个 DEM 自动匹配过程结束。

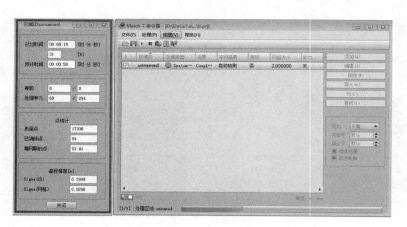

图 5-77　自动提取

图 5-78　提取完成

8) 特征点、线采集。使用 INPHO 软件下的 DTMaster 模块对自动提取的 DEM 进行编辑。

A. 先打开 DTMaster 模块，见图 5-79。

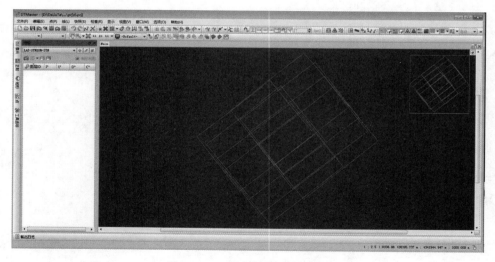

图 5-79　打开 DTMaster 模块

B. 点击"矢量数据"，导入自动匹配好的 DEM 数据，通常导入的为 LAS 格式数据，见图 5-80。

C. 点击下一步，出现图 5-81，点击添加按钮选择自动匹配的 DEM，然后继续点击下一步。一直点击下一步，直到出现图5-82，然后点击"完成"，自动匹配的DEM就导入软件里了。然后利用图5-83中画框处的相关工具进行立体编辑工作。

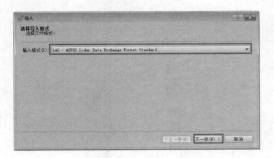

图5-80　导入模式设置

图5-81　添加DEM

创建点/线采集工具，用来进行采集点和线要素。

用"对选中的点进行重新插值"进行重新插值（编辑DEM常用工具）。

在选择工具条中点击选择工具。拉框及多边形选择（编辑DEM常用工具）。

在"显示工具"切换显示模式。

DEM编辑前等高线显示见图5-84。通过特征线的采集来修正DEM不正确的位置，重置后显示等高线效果，见图5-85。

图5-82　完成DEM导入

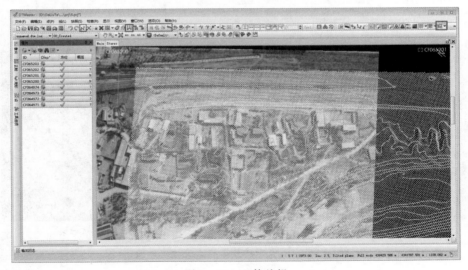

图5-83　立体编辑

9）生产单模型DEM。自动提取DEM与人工编辑后DEM对比见图5-86。

图 5-84 DEM 编辑前等高线效果

图 5-85 DEM 编辑后等高线效果

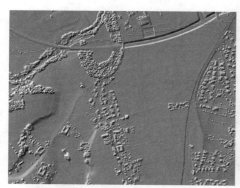
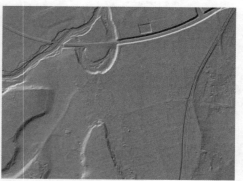

（a）自动提取 DEM 效果　　　　（b）人工编辑后 DEM 效果

图 5-86 DEM 自动提取和人工编辑后效果

7. 土壤侵蚀强度计算

以遥感影像作为基本数据源，通过野外调查和专家经验建立解译标志，在 GIS 技术支持下，参考地形、地质、农林业规划数据获取土地利用因子；基于遥感影像采用像元二分模型与 NDVI 结合的方法生成植被盖度因子；利用 DEM 数据获取地形因子；最后通过进行三因子叠加运算，将获得的统计结果按照《土壤侵蚀分类分级标准》（SL 190—2007）对叠加结果层进行分等划级，再绘制出土壤侵蚀强度和分布图表等。

（1）三因子计算方法。

1）数据准备：土地利用、植被盖度、坡度数据。

2）用掩膜工具分别提取坡耕地坡度、林草地坡度及植被盖度，工具具体位置：Arc-Toolbox→Spatial Analyst 工具→提取分析→按掩膜提取，见图 5-87。

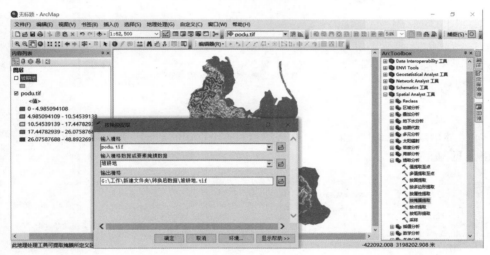

图 5-87 掩膜提取林草地坡度

3）按照《土壤侵蚀分类分级标准》（SL 190—2007），利用"重分类"工具对坡耕地坡度进行分级分类，具体位置：ArcToolbox→Spatial Analyst 工具→重分类→重分类，见图 5-88。

4）按照《土壤侵蚀分类分级标准》（SL 190—2007），利用栅格计算器对林草地进行分类分级。

图 5-88　坡度分级分类

A. 将林草地土地利用图转换为栅格数据：ArcToolbox→转换工具→转为栅格→要素转栅格，见图 5-89。

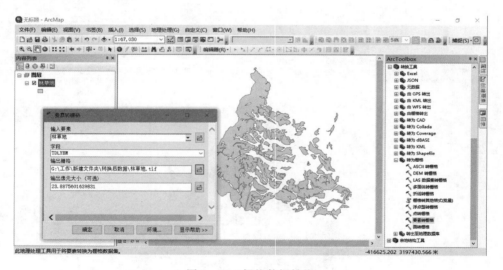

图 5-89　栅格数据转换

B. 栅格计算器叠加计算：土地利用×((植被盖度>=*)&(植被盖度<=*))×((坡度>=*)&(坡度<=*))，见图 5-90。

C. 按照上述方法分别对轻度、中度、强烈、极强烈、剧烈等强度等级进行计算。

D. 利用 con［图层=1，（2，3，4，…），图层］将不同侵蚀强度的图层进行重新赋值以便后续合并分级使用。

E. 用栅格计算器加法运算合并各级侵蚀强度，见图 5-91。

5）按照《土壤侵蚀分类分级标准》（SL 190—2007），依据上述方法计算其他土地利

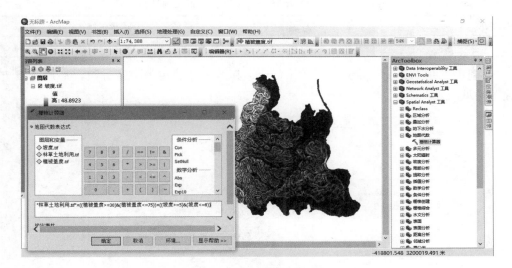

图 5-90 栅格计算

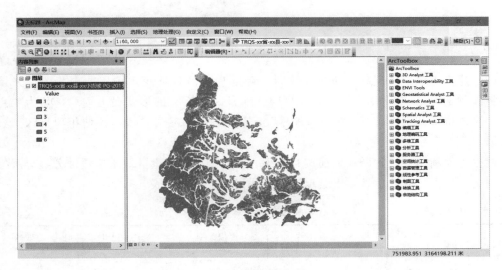

图 5-91 图层合并

用类型的侵蚀强度分级，见表 5-29 和表 5-30。

表 5-29　　《土壤侵蚀分类分级标准》(SL 190—2007) 土壤侵蚀强度判别指标表

地类坡度/(°)		5~8	8~15	15~25	25~35	>35
非耕地林草盖度/%	60~75	轻度				强烈
	45~60					强烈
	30~45	中度			强烈	极强烈
	<30			强烈	极强烈	剧烈
坡耕地		轻度	中度	强烈	极强烈	剧烈

表 5-30　　　　　　　水土流失综合防治标准坡耕地土壤侵蚀强度判别指标表

侵蚀强度	微度	轻度	中度	强烈	极强烈	剧烈
坡度/(°)	≤5	5~8	8~15	15~25	25~35	>35

6）利用合并工具，合并坡耕地、林草地、其他土地利用的侵蚀分级，形成流域土壤侵蚀图，见图 5-92。

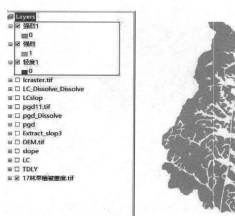

图 5-92　土壤侵蚀图

（2）建立土壤侵蚀现状图斑矢量文件。建立项目区评估年土壤侵蚀现状图斑矢量文件，将矢量文件以"TRQS-项目省-项目县-项目区-PG"的形式命名，TRQS 为"土壤侵蚀"汉语拼音首字母。"PG"为"评估"的汉语拼音首字母，表示评估年项目区土壤侵蚀数据。

根据土地利用现状解译和地面调查结果，各类型区依照本区域土壤侵蚀分类分级标准综合判定土壤侵蚀属性信息，土壤侵蚀矢量图属性表结构见表 5-31。

表 5-31　　　　　　　　　　　土壤侵蚀矢量图属性表结构

序号	字段名称	字段代码	字段类型	字段长度	有效数字
1	项目省	XMS	文本	100	—
2	项目县	XMX	文本	100	—
3	项目区	XMQ	文本	100	—
4	行政区划代码	XZDM	整型	20	—
5	图斑编号	TBBH	文本	100	—
6	土壤侵蚀类型	TRQSLX	文本	100	—
7	土壤侵蚀强度	TRQSQD	文本	100	—
8	面积	MJ	双精度	—	2
9	备注	BZ	文本	100	—

注　面积计量单位为 hm²。

填写土壤侵蚀面积统计表和土壤侵蚀转移矩阵，统计表结构见表 5-32。

表 5-32 ＿＿＿县＿＿＿项目区土壤侵蚀面积统计表

不同侵蚀强度面积及比例			水力侵蚀	风力侵蚀	合计
微度侵蚀		面积/hm²			
		占土地总面积比例/%			
土壤侵蚀		面积/hm²			
		占土地总面积比例/%			
各级土壤侵蚀强度面积及比例	轻度	面积/hm²			
		占土壤侵蚀总面积比例/%			
	中度	面积/hm²			
		占土壤侵蚀总面积比例/%			
	强烈	面积/hm²			
		占土壤侵蚀总面积比例/%			
	极强烈	面积/hm²			
		占土壤侵蚀总面积比例/%			
	剧烈	面积/hm²			
		占土壤侵蚀总面积比例/%			

（3）土壤侵蚀结果。项目县××小流域 2013 年侵蚀总面积为 412.95hm²，占本县土地总面积的 16.35%。以轻度侵蚀为主，面积 217.84hm²，占侵蚀总面积的 52.75%；中度侵蚀次之，面积为 159.22hm²，占侵蚀总面积的 38.56%；强烈、极强烈、剧烈侵蚀面积之和为 35.89hm²，占侵蚀总面积的 8.69%。详见表 5-33。

表 5-33 2013 年土壤侵蚀面积统计表

不同侵蚀强度面积及比例			水力侵蚀
微度侵蚀		面积/hm²	2112.05
		占土地总面积比例/%	83.65
土壤侵蚀		面积/hm²	412.95
		占土地总面积比例/%	16.35
各级土壤侵蚀强度面积及比例	轻度	面积/hm²	217.84
		占土壤侵蚀总面积比例/%	52.75
	中度	面积/hm²	159.22
		占土壤侵蚀总面积比例/%	38.56
	强烈	面积/hm²	30.49
		占土壤侵蚀总面积比例/%	7.38
	极强烈	面积/hm²	4.55
		占土壤侵蚀总面积比例/%	1.10
	剧烈	面积/hm²	0.85
		占土壤侵蚀总面积比例/%	0.21

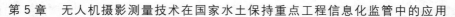

项目县××小流域 2017 年侵蚀总面积为 337.6hm²，占本县土地总面积的 13.37%。以轻度侵蚀为主，面积 152.22hm²，占侵蚀总面积的 45.09%；中度侵蚀次之，面积为 146.42hm²，占侵蚀总面积的 43.37%；强烈、极强烈、剧烈侵蚀面积之和占总侵蚀面积的 11.54%。详见表 5-34。

表 5-34　　　　　　　　　　　　2017 年土壤侵蚀面积统计表

不同侵蚀强度面积及比例			水力侵蚀
微度侵蚀		面积/hm²	2187.40
		占土地总面积比例/%	86.63
土壤侵蚀		面积/hm²	337.60
		占土地总面积比例/%	13.37
各级土壤侵蚀强度面积及比例	轻度	面积/hm²	152.22
		占土壤侵蚀总面积比例/%	45.09
	中度	面积/hm²	146.42
		占土壤侵蚀总面积比例/%	43.37
	强烈	面积/hm²	27.42
		占土壤侵蚀总面积比例/%	8.12
	极强烈	面积/hm²	6.91
		占土壤侵蚀总面积比例/%	2.05
	剧烈	面积/hm²	4.63
		占土壤侵蚀总面积比例/%	1.37

8. 工程实施效果评估

（1）水土流失治理情况。××小流域 2013 年侵蚀总面积为 412.95hm²，项目实施后水土流失面积为 337.60hm²，水土流失治理面积为 75.35hm²，水土流失治理度为 18.25%。

（2）林草植被覆盖情况。××小流域评估年林草覆盖率为 52.49%。林草覆盖率降低主要是疏林地面积减少 13.55hm²，工矿用地增加 13.57hm²。减少了林草覆盖率 0.16%。

（3）水土保持措施保存情况。××小流域评估年 2017 年水土保持措施总面积为 1376.32hm²，竣工面积为 1431.56hm²，措施保存率为 96.14%。评估年封禁治理面积为 1173.12hm²，工程验收时水保措施面积为 1219.62hm²，封禁治理措施保存率为 96.19%；评估年水土保持林面积为 86.94hm²，竣工验收时水土保持林面积为 90.86hm²，措施保存率为 95.69%；评估年经果林面积为 116.26hm²，工程竣工时面积为 121.08hm²，措施保存率为 96.02%；评估年山塘水坝措施共 28 个，工程竣工时山塘水坝措施 28 个，措施保存率为 100%。

××小流域项目区实施效果评估汇总见表 5-35。

（4）水土流失消长情况。依据项目实施前和项目评估年土壤侵蚀判读结果，分析不同强度土壤侵蚀消长情况，得到土壤侵蚀转移矩阵。

表5－35　　　　　　　　　　　××小流域项目区实施效果评估汇总表

评估内容	措施名称	保存率/%
水土流失治理情况	水土流失治理度	18.25
林草植被覆盖情况	评估年林草覆盖率	52.49
	提高林草覆盖率	−0.16
水土保持措施保存情况	封禁治理	96.19
	水土保持林	95.69
	经果林	96.02
	山塘坝堰	100

2015年××小流域实施措施后，有1900.03hm²微度侵蚀保持不变，有133.05hm²轻度侵蚀转化为微度侵蚀，有121.94hm²中度侵蚀转化为微度侵蚀，有21.98 hm²强烈侵蚀转化为微度侵蚀，有6.23hm²极强烈侵蚀转化为微度侵蚀，有4.17 hm²剧烈侵蚀转化为微度侵蚀，其他侵蚀强度及面积不变，详见表5－36。

表5－36　　　　　　××小流域实施前与实施后土壤侵蚀强度转移矩阵　　　　　　单位：hm²

土壤侵蚀强度		评估年（实施后）					
		微度	轻度	中度	强烈	极强烈	剧烈
实施前	微度	1900.03	0	0	0	0	0
	轻度	133.05	19.17	0	0	0	0
	中度	121.94	0	24.48	0	0	0
	强烈	21.98	0	0	5.44	0	0
	极强烈	6.23	0	0	0	0.68	0
	剧烈	4.17	0	0	0	0	0.46

9. 工程实施经济效益

经计算可知，2015年××小流域共实施水土保持措施1431.6hm²，带来经济效益110.2万元，见表5－37。其中，实施封禁治理1219.6hm²，带来经济效益54.9万元，占评估年总效益的49.82%；水土保持林90.86hm²，带来经济效益9.5万元，占评估年总效益的8.62%；经果林121.08hm²，带来经济效益45.8万元，占评估年总效益的41.56%。

表5－37　　　　　　　　　2015年××小流域直接经济效益计算表

编号	工程项目	数量/hm²	活立木材积			枝叶、干草			油茶、粮食			效益/万元
			总产量/m³	单产量/(m³/hm²)	单价/(元/m³)	总产量/kg	单产量/(kg/hm²)	单价/(元/kg)	总产量/kg	单产量/(kg/hm²)	单价/(元/kg)	
1	封禁治理	1219.6	1219.62	1	300	1829430	1500	0.1				54.9
2	水土保持林	90.86	272.58	3	300	136290	1500	0.1				9.5
3	经果林	121.08				36324	300	0.1	9081	75	50	45.8
	合计	1431.6	1492.2			2002044			9081			110.2

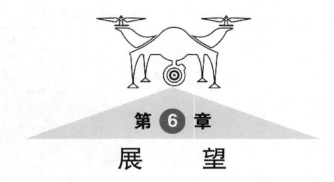

第**6**章

展　望

6.1　民用无人机的发展趋势

无人机的应用最初源于军事，随着无人机技术逐渐民用化，全球的民用无人机发展迅速。中国的大疆、总部位于巴黎的 Parrot、美国的 3D Robotics 和德国的 AscTec 是最大的 4 家四轴飞行器生产商，其中，中国的大疆公司更是控制着全球将近 80％的消费级无人机市场份额。

2015 年我国无人机在各个领域开始了大规模的拓展，被称为"无人机元年"，市场规模达到了 66.4 亿元。其中，军用无人机市场规模为 42.4 亿元，民用无人机为 24.0 亿元。随着无人机技术的逐步成熟，民用无人机在日常生活中已经得到了广泛的应用，近年来市场需求已经超过军用无人机。2017 年我国无人机市场规模达 121.3 亿元，其中，军用无人机 54.0 亿元，民用无人机约 67.3 亿元。

预计全球民用无人机支出总额将由 2015 年的 7 亿美元增至 2024 年的 16 亿美元，支出总额将达到 100 亿美元，约占 10 年无人机支出总额的 11％，10 年复合增长 9.62％，见图 6-1。

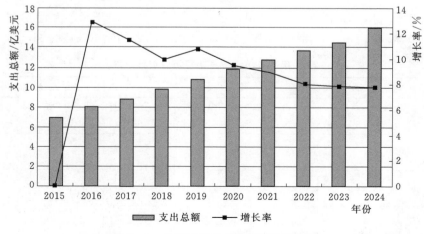

图 6-1　全球民用无人机支出总额预测

工业和信息化部印发《关于促进和规范民用无人机制造业发展的指导意见》指出：到2020年，民用无人机产业持续快速发展，产值达到 600 亿元，年均增速 40％以上。到2025年，民用无人机产值达到 1800 亿元，年均增速 25％以上。产业规模、技术水平、企业实力持续保持国际领先势头，建立健全民用无人机标准，检测认证体系及产业体系，实现民用无人机安全可控和良性健康发展。未来我国无人机行业主要往以下方面发展。

1. 大力开展技术创新

鼓励企业与高校、科研机构等开展产学研用协同创新，围绕民用无人机动力系统、飞控系统、传感器等开展关键技术攻关，重点突破实时精准定位、动态场景感知与避让、面向复杂环境的自主飞行、群体作业等核心技术；开展小型化通用化载荷设备、高集成度专用芯片、长航时大载重/混合布局无人机研制。加快军工技术向民用转化，推动军工试验试飞、验证设施向民用无人机开放，促进有条件的民用无人机企业参与军品科研生产和维修服务。

2. 提升产品质量性能

需要纳入适航管理的民用无人机，应按照适航规章进行适航审查。无需纳入适航管理的民用无人机，应通过安装飞行限制软件（含动态电子围栏）和避障系统、在线激活关联实名绑定等方式，满足民用无人机安全运行要求。加强民用无人机系统、软硬件和通信协议等安全设计，提高民用无人机传输安全性和数据保护能力，提升产品在链路丢失、定位失效等情况下的应对能力，增强应对外部环境干扰的防护性能水平。民用无人机产品应在外包装明显位置和产品说明书中，提醒依法依规飞行，警示擅自飞行危害。

3. 加快培育优势企业

研究制定民用无人机生产企业行业规范条件，发布符合规范条件的企业名单，适时动态调整，引导社会资源向符合规范条件的企业集中。推动民用无人机企业生产制造智能化转型。督促企业落实安全生产相关法规政策要求，消除安全生产隐患。鼓励企业专业化发展，深入挖掘细分市场应用需求，精准制造产品。鼓励企业国际化发展，加快海外市场拓展，加强资本、技术和人才引入。鼓励优势企业通过开放平台、共享数据、提供试验验证条件和系统解决方案等方式，促进大中小企业集聚创新，推动发展具有特色的民用无人机产业集群。

4. 拓展服务应用领域

加快民用无人机行业应用基础设施、服务保障体系建设，建立技术应用交流平台、新技术演示验证中心等，推进民用无人机在农林植保、物流快递、地理测绘、环境监测、电力巡线、安全巡查、应急救援等行业领域创新应用。推进人工智能在民用无人机领域融合应用，加快提高民用无人机娱乐性及智能作业水平，支持开发多样化衍生产品和服务。加快民用无人机租赁、保险、培训等生产性服务业发展。拓展民用无人机在文化、教育等领域应用。鼓励民用无人机企业利用"互联网＋"开展行业应用创新，发展公共服务供应商，拓展服务领域和价值。

5. 建立完善标准体系

落实《无人驾驶航空器系统标准体系建设指南（2017—2018 年版）》，加快民用无人机分级分类、产品安全性要求、身份编码规则、研制单位基本条件及评价方法、管控平台建设等急需标准的制定，建立健全民用无人机标准体系。鼓励行业协会、产业联盟等社会团体围绕市场需求制定团体标准，促进经过市场检验的先进团体标准转化为行业或国家标准。积极推动民用无人机标准国际化，支持参与国际标准化活动，加强国际标准制定，提高国际话语权。

6. 强化频率规范使用

科学规划无线电频率资源，统筹民用无人机用频需求，进一步加强民用无人机的无线电频率使用管理。研究制定民用无人机无线电管理相关规定，加强民用无人机及无人机反制设备无线电管理相关工作。

7. 推进管控平台建设

研究制定民用无人机数字身份识别规则、技术方案，实现"一机一码"；引导企业通过加装通信模块、飞控软件升级、预留接口或采用国家制定的统一传输协议等技术手段，将产品纳入国家统一管控；利用移动通信网络、广播式自动监视系统或卫星通信等方式，实现民用无人机可识别、可监视、可管理。推动企业建设产品基础信息数据库及企业级产品监控服务平台，确保全部产品信息登记，实现民用无人机全生命周期管理。推动建立各省级安全管理平台，做好与企业级监控服务平台的管理衔接和数据共享，强化本区域内民用无人机的安全监管工作。加快建设基于民用无人机身份识别和飞行状态的国家级管控平台，建立安全防护体系，强化管控平台自身安全保障能力。加强基于移动通信网络的民用无人机设备进网许可管理。加快民用无人机反制、监测预警技术研究和装备研制，严格控制和规范反制设备使用。

8. 推动产品检测认证

加强民用无人机试验检测认证、试飞验证等技术和方法研究，形成民用无人机产品安全性、质量可靠性等检测认证标准。推动建立一批具有民用无人机检测认证资质和试验验证水平的专业服务机构，满足行业发展需要。强化民用无人机产品安全性检测认证，构建基于安全性的民用无人机系统及关键零部件检验检测认证体系，优先开展民用无人机产品满足可识别、可监视、可管理能力的安全性，以及产品可靠性、环境适应性和电磁兼容性等检验检测认证。

6.2　遥感传感器的发展趋势

遥感传感器是根据不同类型的遥感任务，使用相应的机载遥感设备，如高分辨率CCD 数码相机、轻型光学相机、多光谱成像仪、红外扫描仪、激光扫描仪、磁测仪、合成孔径雷达等，使用的遥感传感器应具备数字化、体积小、重量轻、精度高、存储量大、性能优异等特点。飞行的稳定性和安全性技术是保证遥感信息成功获取的前提和基础，影响无人机遥感系统安全性的关键因素是微小型无人机的载荷和遥感传感器的质量。

无人机搭载传感器主要受限于无人机的载荷量，目前民用无人机主要的传感器以数码相机和轻型的多光谱相机、热红外传感器为主。就数码相机而言，根据相机分辨率和重量，分传统的卡片机和单反相机。像大疆较早的精灵系列无人机搭载 GoPro 相机，一般成像分辨率 1920×1080P，目前大疆无人机主要使用自己研发的相机，例如最新型的"禅思 Zenmuse X7"相机，配备 2400 万像素 CMOS 传感器，最高可支持 6K 30fps[1]、3.9K 59.94fps CinemaDNG 无损视频，与 5.2K 30fps、2.7K 59.94fps Apple ProRes 视频，以及高达 2400 万像素 20fps 的 RAW 连拍。佳能、尼康等单反相机多数搭载于载荷量较大的六轴或八轴等多旋翼无人机。

市场上无人机多配备单一相机，这样为作业单位带来不方便，虽然倾斜相机可以做正射，但与等重的正射相机相比，倾斜相机的成像质量与像素都有差距，北京捷翔天地信息技术有限公司研发了双系统多旋翼无人机，一架无人机配备 2 个相机，一个正射相机、一个倾斜相机，见图 6-2。以蜂鸟"1S/5S"无人机为例，系统的正射相机采用 4200 万像素全画幅单反相机，单架次完成 1~2km² 分辨率为 10cm 的正射数据；倾斜相机总像素超过 1.8 亿像素，重量不超过 500g，比市场同类产品重量减少 1/2~1/5，单架次完成 0.3~1km² 分辨

图 6-2　北京捷翔天地信息技术有限公司蜂鸟
"1S/5S"双系统多旋翼无人机

率为 8cm 的倾斜摄影数据。其研发的固定翼无人机单架次可完成 30~60km² 分辨率为 10cm 的正射摄影数据，单架次可完成 3~6km² 分辨率 8cm 的倾斜摄影数据，大大提高了数据的精度和采集效率。

无人机遥感信息获取平台的相关技术研究和主要应用进展情况见表 6-1。

表 6-1　　　　　　　　无人机遥感信息获取平台的相关技术研究和应用统计

研发人员	主要功能、特征
Saari	搭载高分辨率的假彩色成像仪和基于高光谱图像的珀罗干涉仪的无人机多光谱图像系统，相机的波长范围为 500~900nm，分辨率为 7~11nm，包括电池在内，质量小于 400g
Merino	可搭载红外、可见光及火灾探测器等多传感器的无人机遥感系统，集成了图像分割序列、图像稳定及坐标定位等图像处理功能，能够实时探测目标
Xiang Haitao	采用传感器融合技术和基于无人机导航系统的卡尔曼滤波器，开发了一种地面控制系统进行任务规划、执行飞行命令和实时遥感图像监测，实现了图像数据的实时传输；对施用草甘膦试验田进行了测试，实现了作物生长监测
Suzuki	基于小型无人机和可见光、近红外相机的微小型无人机遥感系统，能够自动获取大面积的高光谱图像和提取遥感图像中的植被指数
青岛飞宇航空科技有限公司	研制的 TJ-1 型无人机遥感系统，可挂载彩色摄像机、数字相机、6 通道多光谱成像仪等设备对农田作物信息进行监测
黄克明	构建了一种基于数字信号处理器（DSP，digital signal processor）的小型实时多源图像融合系统，能够实现可见光/红外、可见光/紫外、可见光/红外/紫外等多种模式的遥感图像融合

---

[1]　fps 为每秒传输帧数（Frames Per Second）。

6.3 摄影测量技术的发展趋势

摄影测量是 20 世纪初发展起来的一项测量技术，经过漫长的发展从最初的人工计算测量发展到全自动、全数字化操作测量。摄影测量就是利用摄影技术（主要是航空摄影或地面摄影）摄取物体的影像，从而识别此物体并测其形状及位置。摄影测量发展至今可分为模拟摄影测量、解析摄影测量、数字摄影测量三个阶段。

数字摄影测量起于 20 世纪 80 年代，主要用影像相关（或影像匹配）技术代替双眼观测，实现真正的自动化测图，采用数字方式实现摄影测量自动化。随着数字图像处理、模式识别、人工智能、人工神经元网络、专家系统和计算机视觉等学科的不断发展，以及计算机性能的快速提高，数字摄影测量被公认为摄影测量的第三个阶段。数字摄影测量是以数字影像为基础，用电子计算机进行分析和处理，确定被摄物体的形状、大小、空间位置及其性质的技术。数字摄影测量与其他两个摄影测量阶段的最大区别在于：它处理的原始信息不仅可以是像片，更主要的是数字摄影（如 CCD 影像）或数字化影像，它最终是以计算机视觉代替人眼的主体观测，因而它所使用的仪器最终将只是通用计算机及其相应外部设备。因此，数字摄影测量技术与遥感技术的结合将是未来摄影测量发展的趋势，并且计算机技术、3S 技术以及航空航天技术的不断发展，也为这种趋势提供了技术方面的保障。

就无人机航摄技术来说，航摄效率低是制约发展的主要瓶颈，如何解决这个问题是未来几年无人机航摄技术的主要发展方向。首先，如何增大续航时间、提高飞行效率、增大有效载荷、提升飞行品质等成为发展的重点，也就是飞行平台升级问题，续航时间超过10h 以上，有效载荷高于 15kg 成为今后几年无人机遥感领域的迫切需求。其次，在升级飞行平台的同时，提高遥感系统传感器的效率也是关键之一。据不完全统计，无人机遥感系统传感器中数码相机占了 70% 以上，且多以 4000 万像素以下的非量测型居多，此类相机影像变形大、精度低、航摄效率低，像幅大小在 4000 万像素以上的大面阵量测型数码相机将成为今后几年遥感传感器的主要发展方向。同时，开展多频无线测控技术与现有飞控系统的集成技术、同空域多架无人机同时在线测控技术研究，实现同空域多架无人机同时远程监控，提高摄区空域的利用率及航空影像获取效率也是今后发展的方向。

6.4 无人机在民用领域的应用趋势

1. 政策健全化和低空空域深化改革将引爆民用无人机需求

虽然无人机产业发展迅猛，但国内时有发生无人机违规飞行对民航客机甚至军用飞机产生影响的事件，致使监管部门和普通民众一直担心无人机的飞行安全问题，并使得我国相关部门对民用无人机的放开持谨慎态度。国内民用无人机的法规基本由中国民用航空局制定，但其颁布的文件只能作为规范性文件，目前对于民用无人机的政策法规以及适航标准体系建立还并不完善。随着国家陆续出台正式的配套法规，对我国民用无人机市场进行更好地约束，市场逐渐规范化、政策健全化将有效推动无人机行业的发展。

限制我国民用无人机发展的另一大因素是我国低空空域尚无法完全利用。根据正在征求意见的《低空空域使用管理规定（试行）》，我国低空空域原则上是指全国范围内真高1000m以下的区域。低空空域按管制空域、监视空域和报告空域以及目视飞行航线进行分类。对于农林植保、电力巡检、油气管道巡检等用途的民用无人机来说，其活动空域主要集中在低空空域。当前我国低空空域的管理由空军来执行，民航仅能使用航线、航路和民用机场周边空域，其他空域均被划分为军航训练空域、巡逻待战空域以及限制区、危险区、禁区，造成了国内空域资源的极大浪费。针对以上情况，国务院及中央军委于2010年发布了《关于深化我国低空空域管理改革的意见》，提出在5～10年内，逐步放开低空空域资源，将包括民用无人机在内的通用航空发展上升到了国家战略的高度。低空空域使用逐渐对民用放开在提高空域资源利用率的同时，将极大地提升民用无人机的需要。

2. 农业植保是民用无人机目前最为可行的应用领域

我国耕地面积超过20亿亩，虽然农业机械化率已达到了61%，但仍存在高端农机装备数量缺乏以及农机化发展不平衡等问题。

国家已高度重视农业生产的机械化和自动化。据统计，中国目前使用的植保机械以手动和小型机（电）动喷雾机为主，其中手动施药药械、背负式机动药械分别占国内植保机械保有量的93.07%和5.53%，拖拉机悬挂式植保机械约占0.57%，植保作业投入的劳力多、劳动强度大，施药人员中毒事件时有发生。农业植保无人机作为高端农机装备，不仅可以有效减少因农药中毒造成的人员伤亡，还可以提高农药喷洒效率并且降低成本。

据统计，单架无人机可在1亩/min的喷洒速度下，每亩至少节省20%的农药。根据我国18亿亩左右的基本农田面积，以及常规水稻一年10次左右的施药作业量，按照1亩/min的无人机施撒速度，可以得出农林植保无人机一年最多需要工作3亿h。目前国内使用无人机进行农药喷洒比重还不足1%，假设未来10年，该比重逐步提升至5%，同时假设油动无人机平均寿命从400h增长到800h，单机平均售价由40万元以10%的降速降至15万元。粗略估算，未来10年，我国农林植保无人机总需求金额将超过220亿元。

自2013年开始，松辽流域率先利用无人机遥测技术在水土保持工作中开展了大量实践探索，截至目前已装备固定翼无人机4架，八旋翼无人机1架，六旋翼无人机1架，四旋翼无人机7架，无人机数据处理软件11套，7人拥有民用无人驾驶航空器系统机长合格证，4人拥有驾驶员合格证，结合水土保持监测与信息化工作面临的新形势和新要求，广泛应用于生产建设项目水土保持监督性监测与天地一体化监管、水土流失治理工程图斑化管理等工作中，同时在典型小流域水土保持信息化、水土流失突发事件监测以及防汛抗旱和水政执法检查等水利相关工作中开展了积极探索。图6-3为松辽流域固定翼无人机展示。

（1）不同土壤类型区典型监测点信息化工作。根据《全国水土保持信息化规划（2012—2030年）》的要求，全国水土保持信息化建设的总体框架基本构成主要包括应用系统、应用支撑体系、数据库、信息基础设施、门户网站等5项重点建设任务。水土保持

图6-3 松辽流域固定翼无人机展示

图6-4 黑龙江海伦市光荣小流域
综合观测站无人机航拍

数据库建设包括基础数据库和业务数据库，基础数据库涉及公共基础地理、遥感影像、自然条件和社会经济等数据库。

水土保持监测网络是水土保持科研和水土流失预测预报的载体。水土流失监测点作为水土保持监测网络的基础，是获取水土流失观测和实验数据的重要设施，水土流失监测点的信息化是全国水土保持信息化建设的一部分内容，其基础数据库建设工作是根基。

松辽流域水土流失动态监测不同土壤类型区典型监测点涉及吉林省长春市青沟坡面径流观测场、黑龙江省海伦市光荣小流域等7个典型监测点，采用无人机遥测技术，获取各监测点10cm分辨率的正射影像、三维点云和1:500等高线等数据，见图6-4～图6-6。

图6-5 黑龙江海伦市光荣小流域
综合观测站径流小区正射影像

图6-6 黑龙江海伦市光荣小流域综合
观测站侵蚀沟三维点云数据

在高空间分辨率数据的基础上，生成监测点小区、雨量站、卡口站和土壤水分监测点的位置，获取监测点所在小流域的水土保持措施、土地利用和侵蚀沟道信息，建立了包括小流域地形图、土地利用图、土壤图、水土流失图、监测设施设备分布等信息的监测点基础空间数据库，为建设和完善松辽流域水土保持信息化工作奠定了基础。

同时，利用倾斜摄影测量技术，探索利用三维点云数据获取坡面径流小区侵蚀量以及侵蚀沟发育发展情况，实现面蚀和沟蚀监测的自动化。

（2）水土流失突发事件监测。2017 年 1 月，水利部印发了《水利部关于加强水土流失监测的通知》（水保〔2017〕36 号）要求基于高分遥感、全息摄影和无人机遥测等技术手段，快速采集、实时传输水土流失事件的视频和图像等信息，做好应急监测，及时调查水土流失灾害及其影响范围、影响程度，提出意见和建议，为应急处理、减灾救灾和防治对策制定提供技术支撑。

据松辽流域达拉特旗雨量站监测，2016 年 8 月 16 日和 17 日发生连续大雨，降雨历时 8h 和 2h，两场降雨量分别达到 352mm 和 54mm，共计 406mm，内蒙古自治区鄂尔多斯市乌兰斯太沟坝系工程油坊渠 1～3 号坝发生漫顶溃坝。

松辽流域在此次水毁工程调查中，应用无人机技术，精准计算出溃坝面积、方量、溃坝高度、最长与最短距离等数据，为了解灾情和灾后重建提供科学依据，在水土流失突发事件监测方面进行了有效探索。二号坝相关指标数据见图 6-7。

（3）防汛抗旱工作。由于暴雨洪水的突发性，传统的卫星遥感影像较难实时提供受灾现场情况，由于降雨云团的存在，卫星影像也无法对地面情况进行拍摄，且道路受洪水淹没、毁坏影响，防汛人员很难到达现场，无人机快速、灵活且能实时提供现场视频、照片以及处理后高分辨率正射影像的优势有效弥补了卫星影像和现场查勘的不足。在日常防汛工作中，可以利用无人机立体地查看流域河道地形、地貌和水库、堤防险工险段。遇到洪水险情时，可以克服交通等不利因素，快速赶到出险空域，根据机上所载装备，实时传递影像等信息，监视险情发展，为防洪决策提供准确的信息。

2017 年，松辽流域平均年降水量为 347.0mm，与常年（384.0mm）相比偏少 1 成，但降水时段集中且强度大。主要集中在 7 月上中旬和 8 月上旬，共 3 场明显降雨过程，分别发生在 7 月 13—14 日、7 月 19—20 日、8 月 2—4 日，3 场降雨（共 7d）流域累积降雨量为 70.0mm，占 6—8 月（共 92d）总降雨量的 24%，分别引发了 "7·13" "7·19" 和 "8·03" 等 3 场暴雨洪水。

在抗御 2017 年暴雨洪水的过程中，松辽流域首次尝试利用无人机在工作组防汛抢险、丰满水库泄洪后查看五大围堤汛情、省界围堤测量三方面开展相关工作，取得了令人满意的成果。实践证明，无人机技术是松辽流域取得 2017 年成功应对暴雨洪水的又一有力武器，是今后防汛抢险工作中不可或缺的工具和手段。该技术由国家防汛抗旱总指挥部办公室在全国各地防汛机构进行了推广应用。

1）在工作组防汛抢险中的应用。抗御 "8·03" 暴雨洪水期间，辽宁、吉林、黑龙江等省工作组配备了无人机和操作员，累计起飞近 30 架次，拍摄处理视频 62 段，约 120min，制作 1280×720P 图景多处，见图 6-8～图 6-11。此外，为便于视频信息的理解，辽宁省工作组对处理好的视频进行二次编辑，将重要的汛情、险情、工作动态信息以

（a）二号坝三维点云数据

（b）溃坝截面最短距离 45.44m

（c）溃坝截面最长距离 121.32m

（d）溃坝面积 5057.40m²

（e）溃坝体积 55355.78m³

（f）淤地坝坡顶宽 2.49m

（g）淤地坝坡底宽 47.57m

图 6-7　二号坝相关指标数据

文字方式在视频中显示，并配以背景音乐，保证图文并茂，见图 6-12。所摄灾情现场信息也是历史洪水事件的重要记录，被受灾地方政府作为资料保存，并用于地方组织有针对性地抗洪抢险。

图 6-8　辽宁省工作组在鞍山市岫岩市用无人机
航拍大洋河支流雅河汛期及周围村屯受灾情况

图 6-9　无人机航拍辽宁省朝阳市北票市凉水河汛情

图 6-10　无人机航拍辽宁省东港市龙王庙镇串心沟附近水田受淹情况

图 6-11　无人机航拍黑龙江省绥化市安达市东湖水库紧急泄洪

图 6-12　辽宁省工作组二次处理后上报的视频截图（图为雅河洪灾现场）

　　2）在查看五大围堤汛情中的应用。第二松花江下游"五大围堤"是保留围堤，由于部分围堤未达规划标准，当河道流量达到 3000m³/s 时，就要开始转移围堤内人员。因此，丰满泄流与区间入流叠加，必须保证松花江站流量不超过 3000m³。为确保五大围堤防洪安全，松辽水利委员会派出工作组到五大围堤实地察看汛情。工作组携带无人机，首次对"五大围堤"进行了空中观测（见图 6-13），并基于无人机飞行照片利用 VR 技术制作了区域 720°全景照片（见图 6-14），全面了解了第二松花江河道汛情，对水库调度对下游的影响有了更深刻的认识。

　　3）在省界围堤测量中的应用。为保证嫩江、松花江干流省界河段的防洪安全，松辽流域首次利用无人机开展嫩江、松花江部分江段围堤的测量，主要目的是研究无人机测量围堤的技术可行性，分析测量成果是否能够满足防汛管理要求，也为日后围堤测量探索一条高效、便捷的新路。

　　测量范围为三岔河口嫩 98 至松 1 段区域，河道内面积 200 余 km²。其中外业起降点位 42 个，飞行 188 架次，获取 5359 张分幅照片，遥测覆盖总面积 418.11 km²（含重叠

图 6-13　无人机航拍的河北围堤

图 6-14　塘沽围堤 VR 720°全景系统制作成果展示截图

面积），内业成果覆盖范围 245.95 km^2，获取分幅数据 157 幅。

测量成果可轻松提取围堤断面特征，如长度、高度、顶宽、边坡等，并可进行围堤三维展示，见图 6-15。此外选择嫩 99 和松 1 两个断面作为典型断面，通过计算提取断面高

图 6-15　围堤三维图像展示

程信息，绘制河道断面图，见图 6-16。

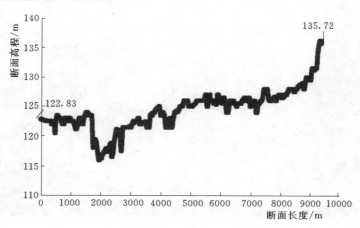

图 6-16　松花江干流松 1 断面图

（4）水政执法工作。从历史上看，我国水问题主要是同水旱灾害做斗争。随着经济社会发展，水资源短缺、水生态损害、水环境污染成为常态问题。因此当前治水的主要矛盾已经发生深刻变化，必须从改变自然、征服自然为主转向调整人的行为、纠正人的错误行为为主。我国治水的工作重点也要随之改变，就是要转变为水利工程补短板、水利行业强监管。

关于水利行业强监管，就是要根据不同流域、不同区域的自然条件及经济社会发展状况，在节水优先、以水定需以及在生态方面提出可量化、可操作的指标和清单，建立一套完善的标准规范和制度体系，为人的行为划定红线。要针对河湖管理中的突出问题，聚焦管好"盛水的盆"和"盆里的水"。以全面推行河长制、湖长制为抓手，实现河湖面貌根本改善。要建立全国统一分级的监管体系，运用现代化监管手段，通过强有力的监管发现问题，通过严格的问责推动调整人的行为，纠正人的错误行为。

水利部高度重视暗访督查工作。据统计，截至 2018 年 8 月 30 日，水利部已累计派出 252 个工作组，对全国小型水库中的 3207 个开展了暗访督查，水利部部长鄂竟平两次带队暗访。

水库安全度汛是重中之重，小型水库安全是关键要害。2018 年 8 月 15—17 日，松辽水利委员会党组书记、主任齐玉亮率督查组对吉林省小型水库安全运行管理情况进行了督查，督查组严格按照"四不两直"（不发通知、不打招呼、不听汇报、不用陪同接待、直奔现场、直面三个责任人）方式，重点查看水库坝、溢洪道和排水涵管等重点部位以及泄洪闸门、启闭机械和备用电源等配套设施，在本次督查暗访中首次采用了无人机进行现场调查，见图 6-17。无人机自带 GPS 功能拍摄照片有定位信息，可作为后期证据资料，且其在低空飞行可全方面对现场综合情况取证，确保不遗漏信息，同时，无人机在一定范围内飞行可减轻现场人员工作量，提高了工作效率。

结合松辽流域近几年水土保持工作经验，建议就无人机在水土保持中应用在以下几方面进行发展。

图 6-17 松辽流域小型水库安全运行管理情况督查暗访

（1）进一步充实监督、治理和监测数据库指标内容。无人机遥测成果主要包括厘米级正射影像、三维点云数据和超高比例尺地形数据，目前国家层面采用的遥感影像基本在2m 及以上的空间分辨率，建议在目前监督、治理和监测数据库中增加显示三维点云数据功能，能够存储、显示项目照片、全景影像、DEM、DOM 以及相关指标特征值等信息，且不同分辨率数据之间能够在同一数据库平台叠加显示。

（2）开展实时动态监测、建立快速评价系统。定期巡查、监测重点生产建设项目，获取扰动情况以及水土保持措施面积等相关数据，形成各阶段影音资料，构建监督动态多媒体数据库，同时应对突发情况，及时派出调查组，收集现场数据，分析多源数据，预报变化趋势，提出应对措施等。

根据重点治理项目实施计划，无人机定期遥测实施情况，建立动态变化数据库，为监管提供实时信息，指导治理工程实施。

基于数据库，选择评价指标，建立快速评价系统。

（3）继续深入探索无人机遥测技术。目前的无人机遥测技术主要是利用无人机镜头正射（垂直向下）获取照片，经后期处理获得相关数据。倾斜摄影技术是在摄影测量技术之上发展起来的，和摄影测量不同的是倾斜摄影是通过在同一飞行平台上搭载多台传感器（目前常用的五镜头相机），同时从垂直、倾斜等不同角度采集影像，获取地面物体更为完整准确的信息。与传统摄影测量相比，倾斜摄影测量的数据采集达到100％重叠，且重叠维数极高，采集的数据包括侧面和角落，极大地保证了点云的数量和质量精度，从而生成高精度的 DSM，为三维模型和正射影像的生产打下基础。

在水土保持行业应用的无人机镜头以普通数码相机为主，光谱信息单一，可尝试搭载多光谱相机，获取地物更丰富的光谱信息，以探索植被盖度反演等深层次功能。

参 考 文 献

[1] 吴刚，周斌，杨连康. 国内外民用无人机行业发展回顾与展望 [J]. 经济研究导刊，2016 (12)：160 - 162.

[2] 周钰婷，郑健壮. 全球无人机产业：现状与趋势 [J]. 经济研究导刊，2016 (26)：26 - 30.

[3] 王连波. 浅谈无人机的发展现状及发展趋势研究 [J]. 科技与企业，2013 (14).

[4] 姚思浩. 无人机的发展现状与趋势 [J]. 电子制作，2018 (1)：96 - 98.

[5] 常于敏. 无人机技术研究现状及发展趋势 [J]. 电子技术与软件工程，2014 (1)：242 - 243.

[6] 孙健，倪训友. 无人机国内外发展态势及前沿技术动向 [J]. 科技导报，2017，35 (9)：109 - 109.

[7] 汪沛. 基于微小型无人机的遥感信息获取关键技术综述 [J]. 农业工程学报，2014，30 (18)：1 - 12.

[8] 王迎炜，赵健. 无人机传感器技术的发展动向与分析 [J]. 舰船电子工程，2008，28 (9)：55 - 58.

[9] 尹鹏飞，王双亭，王友，等. 浅论摄影测量的发展现状与趋势 [J]. 影像技术，2014 (5)：55 - 56.

[10] 隋春玲. 综述摄影测量与遥感的发展趋势 [J]. 科技展望，2015 (22).

[11] 毕凯，李英成，丁晓波，等. 轻小型无人机航摄技术现状及发展趋势 [J]. 测绘通报，2015 (3)：27 - 31.

[12] Sullivan D G，Fulton J P，Shaw J N，et al. Evaluating the Sensitivity of an Unmanned Thermal Infrared Aerial System to Detect Water Stress in a Cotton Canopy [J]. International Journal of Sociology & Social Policy，2007，50 (6)：708 - 724.

[13] Noboru Noguchi. 日本机器人耕作体系与遥感技术应用 [J]. 农机科技推广，2010 (12)：16 - 17.

[14] SUGIURA，Ryo，NOGUCHI，et al. Remote—sensing technology for vegetation monitoring using an unmanned helicopter [J]. Biosystems Engineering，2005，90 (4)：369 - 379.

[15] Sugiura R，Fukagawa T，Noguchi N，et al. Field information system using an agricultural helicopter towards precision farming [C] // IEEE/ASME International Conference on Advanced Intelligent Mechatronics. IEEE，2003.

[16] 乔红波，周益林，白由路，等. 地面高光谱和低空遥感监测小麦白粉病初探 [J]. 植物保护学报，2006，33 (4)：341 - 344.

[17] 田振坤，傅莺莺，刘素红，等. 基于无人机低空遥感的农作物快速分类方法 [J]. 农业工程学报，2013，29 (7)：109 - 116.

[18] 谢涛，刘锐，胡秋红，等. 基于无人机遥感技术的环境监测研究进展 [J]. 环境科技，2013，26 (4)：55 - 60.

[19] 徐赞新，袁坚，王钺，等. 一种支持移动自组网通信的多无人机中继网络 [J]. 清华大学学报：自然科学版，2011 (2)：150 - 155.

[20] 李德仁，王长委，胡月明，等. 遥感技术估算森林生物量的研究进展 [J]. 武汉大学学报：信息科学版，2012，37 (6)：631 - 635.

[21] 蒲朝勇. 推动水土保持监测与信息化工作的思路与要求 [J]. 中国水土保持，2017 (5)：1 - 4.

[22] 姜德文，赵辉，郑梅云. 基于大数据支持的建设项目水土保持工作指南与应用——互联网＋水土保持管理 [J]. 中国水土保持，2016 (10)：36 - 39.

[23] 松辽水利委员会松辽流域水土保持监测中心站. 无人机遥测技术在水土保持监管中的应用 [J]. 中国水土保持，2015 (9)：73 - 76.

[24] 松辽水利委员会松辽流域水土保持监测中心站. 松辽流域利用无人机技术开展水土保持监测的实

践与思考 [J]. 中国水土保持，2017 (12)：58 - 60.

[25] 卢敬德，伍容容，罗志东. 生产建设项目动态监管信息移动采集和管理技术与应用 [J]. 中国水土保持，2016 (11)：32 - 35.

[26] 王春祥，李晓，盛庆伟. 航空摄影测量学 [M]. 郑州：黄河水利出版社，2011.

[27] 万刚，余旭初，布树辉，等. 无人机测绘技术及应用 [M]. 北京：测绘出版社，2015.

[28] 中华人民共和国水利部. 土壤侵蚀分级分类标准：SL 190—2007 [S]. 北京：中国水利水电出版社，2007.

[29] 中华人民共和国水利部. 水土保持监测技术规程：SL 277—2002 [S]. 北京：中国水利水电出版社，2002.

[30] 中华人民共和国水利部. 水土保持遥感监测技术规范：SL 592—2012 [S]. 北京：中国水利水电出版社，2012.

[31] 国家测绘局. 低空数字航空摄影规范：CH/Z 3005—2010 [S]. 北京：测绘出版社，2012.

[32] 国家测绘局. 数字航空摄影测量　空中三角测量规范：GB/T 23236—2009 [S]. 北京：测绘出版社，2009.

[33] 国家测绘局. IMU GPS 辅助航空摄影技术规范：GB/T 27919—2011 [S]. 北京：测绘出版社，2011.

[34] 国家测绘局. 无人机航摄安全作业基本要求：CH/Z 3001—2010 [S]. 北京：测绘出版社，2010.

[35] 国家测绘局. 1∶500 1∶1000 1∶2000 地形图航空摄影测量外业规范：GB/T 7931—2008 [S]. 北京：测绘出版社，2008.

[36] 国家测绘局. 低空数字航空摄影测量内业规范：CH/Z 3003—2010 [S]. 北京：测绘出版社，2010.

[37] 国家测绘局. 低空数字航空摄影测量外业规范：CH/Z 3004—2010 [S]. 北京：测绘出版社，2010.

[38] 国家测绘局. 航空摄影技术设计规范：GB/T 19294—2003 [S]. 北京：测绘出版社，2003.